イオン液体
― 常識を覆す不思議な塩 ―

工学博士 　北爪　智哉
工学博士 　淵上　寿雄 　共著
理学博士 　沢田　英夫
理学博士 　伊藤　敏幸

コロナ社

まえがき

　「持続可能な発展」という 21 世紀の科学に託された命題は，20 世紀型の大量消費からグリーンサステイナブルケミストリー的社会への転換が必要であるということなのではないだろうか。そしてこの取組み方が，これまでに実践されてきたさまざまな科学技術，環境調和型プロセス，資源循環型システム，シンプルケミストリーなどと異なる点は，もの作りを始めるときに製品の全ライフサイクルにわたるさまざまな予知を重視している点である。そして，サスティナビリティー（持続可能性）という言葉に込められている，人や企業のみならず地球全体が持続可能な社会を形成していくこと，そのためには経済成長のみを追及するのではなく，経済的にも効率的にも優れたものを作り，汚染物質や廃棄物が少なく，環境への配慮がなされた安全な製品を供給する科学技術体系を確立していくことであるという思想である。

　一方，これからの社会では一般の人たちも 20 世紀のように，大量消費，使い捨て，急速な技術革新等々を追い求めず，科学技術との信頼関係を醸成していくための判断力が求められる。また科学技術ではリスクコミニュケーションが必要不可欠である。「持続可能な社会」を構築していくために物質生産という面から眺めると，さまざまな取組み方が模索され，固相合成法や "atom chemistry" といった取組み方から，超臨界反応，リサイクル可能な有機溶剤，廃水や反応残渣まで考慮した "zero waste" の方法などさまざまな取組みが始まっている。

　合成反応を考えてみると，当モルの基質どうしが室温で混合するだけで反応し 100 ％ の収率で目的物が生成し，反応系から容易に分離精製できることが理想系であるが，現実の合成反応では溶媒や触媒を用いて反応が行われており，分離精製にもさまざまな技術や手法が用いられてきている。

　物質生産の新しい反応場として常温溶融塩（room temperature molten salt）

やイオン液体（ionic liquid）と称される物質が活用され始めている。この液体の特徴としては，① 蒸気圧がほとんどない，② イオン性であるが低粘性，③ 耐熱性であり液体温度範囲が広い，④ イオン伝導性が高い，などであり，常温で取り扱いやすい液体である。イオン液体は，従来の液体の概念とはまったく異なる新規な物質群として，学術的にもまた有機溶剤に代わる実用的な溶剤としても産業界では重要な役割が期待されるようになってきた。

　本書では，イオン液体の電解質としての性質，構造学的な探求などについてよりも，どのような用途として利用できるのかについての内容に重点をおいた。はじめてイオン液体という物質に興味を抱いた若手の人たちにも活用できるような切り口で事例をまとめたつもりであり，本書がイオン液体の新規な展開の扉を開けることを願っている。

　なお，執筆は，1章と2章と3.3節を北爪が，3.1節と3.2節を伊藤が，4章を淵上が，5章を沢田が分担した。

2005年1月

著者一同

記 号 説 明

Me	メチル
Et	エチル
Bu	ブチル
Bn	ベンジル
Tf	トリフルオロメタンスルホニル
TfOH	トリフルオロメタンスルホン酸
Ts	パラトルエンスルホニル
Ac	アセチル
St	スチレン
TMS	トリメチルシラン
mCPBA	メタクロロ過安息香酸
emim	エチル=メチル=イミダゾリウム
bmim	ブチル=メチル=イミダゾリウム
moim	メチル=オクチル=イミダゾリウム
reflux	還流
extract	抽出
substrate	基質
BINAP	ビナフチル
DMF	*N,N*-ジメチルホルムアミド
THF	テトラヒドロフラン
DBU	1,8-ジアザビシクロ[5,4,0]-7-ウンデセン
PEG	ポリエチレングリコール
CAL	*Candida antarctica* lipase
CRL	*Candida rugosa* lipase

記号説明

antibody	抗体
Ab38C2	抗体酵素 38C2
TEMPO	2,2,6,6-テトラメチルピペリジニル-1-オキシラジカル
AIBN	アゾビスイソブチロニトリル
BPO	過酸化ベンゾイル
MMA	メチルメタクリレート
MA	メチルアクリレート
ATRP	原子移動ラジカル重合
BP	1-ブチルピリジル
PC	プロピレンカーボナート
DAST	ジアルキルアミノサルファトリフルオリド
SPE	固体電解質
BPCl	ブチルピルジニウムクロリド
TOF	turn over frequency (触媒回転数)
% ee	光学純度（パーセントエナンチオマーイクセス）
△	加熱

目　　次

1　持続可能な発展

1.1　は じ め に ……………………………………………………………………… 1
1.2　イオン液体とは ………………………………………………………………… 2
1.3　ルイス酸性とルイス塩基性 …………………………………………………… 5

2　イオン液体の合成と物性

2.1　は じ め に ……………………………………………………………………… 6
2.2　合　成　法 ……………………………………………………………………… 6
　2.2.1　アニオン交換法 …………………………………………………………… 6
　2.2.2　簡便な合成法（酸エステル法） ………………………………………… 8
　2.2.3　中　和　法 ………………………………………………………………… 10
2.3　構 造 と 物 性 …………………………………………………………………… 11
　2.3.1　イオン液体の構造 ………………………………………………………… 12
　2.3.2　導　電　率 ………………………………………………………………… 14
　2.3.3　イオン液体の極性 ………………………………………………………… 15
　2.3.4　極性評価方法 ……………………………………………………………… 17
2.4　分　離・抽　出 ………………………………………………………………… 18
　2.4.1　分離・抽出溶媒 …………………………………………………………… 18
　2.4.2　超臨界 CO_2 の利用 ……………………………………………………… 20
　2.4.3　層分離現象 ………………………………………………………………… 21
2.5　分子集合性イオン液体 ………………………………………………………… 22

2.5.1 分子集合体	22
2.5.2 二分子膜の形成	23
2.5.3 双性イオンタイプの塩	24
2.5.4 トリプルイオン型塩	26
2.5.5 ポリエーテル系塩	27
2.5.6 液晶性イオン流体	28
2.6 イオン液体の新しい動き	29
2.6.1 菌頭反応	29
2.6.2 環化反応	30
2.6.3 担体としてのイオン液体	31

3 溶剤としてのイオン液体

3.1 反応場としてのイオン液体	32
3.1.1 イオン液体と酸触媒が作る反応場	35
3.1.2 金属触媒とイオン液体が作る反応場	37
3.1.3 イオン液体と塩基からできる反応場	49
3.1.4 イオン液体からできるさまざまな反応場	51
3.2 生体触媒を利用する機能性反応場としてのイオン液体	60
3.2.1 生体触媒とイオン液体の共存性	61
3.2.2 イオン液体反応媒体による酵素触媒不斉反応	63
3.3 イオン液体と酸から構築される反応場	77
3.3.1 ルイス酸の担持された系	79
3.3.2 Morita-Baylis-Hillman 反応	81
3.3.3 マイケル付加反応	82
3.3.4 金属試薬の調製と反応	83
3.3.5 Hörner-Wadsworth-Emmons 反応	84
3.3.6 高温化でのいくつかの反応	85
3.3.7 有機分子触媒系	86
3.3.8 ニコチン由来の光学活性なイオン液体	89
3.3.9 抗体酵素を触媒として利用する反応場	92

3.3.10　フッ素化反応……………………………………………………93
　3.3.11　不斉シアノ化反応………………………………………………95
　3.3.12　ヒドロホルミル化反応…………………………………………96

4　イオン液体中での有機電解反応

4.1　はじめに………………………………………………………………97
4.2　電解質としてのイオン液体の歴史的背景…………………………98
4.3　イオン液体の電気化学的特性………………………………………99
　4.3.1　イオン液体の導電率……………………………………………99
　4.3.2　イオン液体の電気化学的安定性（電位窓）…………………101
4.4　イオン液体中でのボルタンメトリー………………………………103
　4.4.1　クロロアルミナート系イオン液体中でのボルタンメトリー…103
　4.4.2　非クロロアルミナート系イオン液体中でのボルタンメトリー…104
4.5　イオン液体中での有機電解合成……………………………………106
　4.5.1　α-アミノ酸の電解合成………………………………………106
　4.5.2　環状カーボナート類の電解合成………………………………106
　4.5.3　金属錯体触媒による電解還元的カップリング………………107
　4.5.4　金属錯体触媒による電解還元的脱ハロゲン化………………108
　4.5.5　ベンゾイル蟻酸からマンデル酸への電解合成………………108
　4.5.6　有機化合物の選択的電解フッ素化……………………………109
　4.5.7　導電性高分子の電解合成………………………………………115
4.6　無機電解への応用……………………………………………………120
4.7　おわりに………………………………………………………………121

5　イオン液体を反応媒体とした高分子合成とその応用

5.1　高分子の合成…………………………………………………………122

5.1.1 リビングアニオン重合 …………………………………………… 123
   5.1.2 リビングカチオン重合 …………………………………………… 125
   5.1.3 リビングラジカル重合 …………………………………………… 126
 5.2 イオン液体を反応媒体とした高分子合成 ……………………………… 130
   5.2.1 イオン液体を反応媒体としたラジカル重合 …………………… 130
   5.2.2 イオン液体中における原子移動ラジカル重合 ………………… 132
   5.2.3 イオン液体を重合媒体とした RAFT 重合 ……………………… 136
 5.3 イオン液体の高分子ゲル電解質への応用 ……………………………… 138
 5.4 イオン液体の導電性ポリマー合成への応用 …………………………… 146
 5.5 イオン液体の可塑剤への応用 …………………………………………… 147

参 考 文 献 ……………………………………………………………………… 149
索   引 ……………………………………………………………………… 151

コ ラ ム

 イオン液体の取扱い方 ……………………………………………………… 10
 砂糖からできるイオン液体 ………………………………………………… 47
 イオン液体の安全性について ……………………………………………… 59
 先 陣 争 い …………………………………………………………………… 65
 酵素反応のためのイオン液体精製法 ……………………………………… 75
 Baizer 博士からの溶融塩中での有機電解合成の提案 ………………… 121

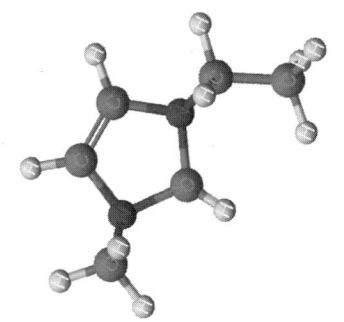

1 持続可能な発展

1.1 はじめに

　持続可能な発展という21世紀の科学に託された命題は，20世紀型の大量消費から21世紀は物質循環型社会への転換が必要であることを示唆しており，化学の分野でもさまざまな取組みが始まっている。「持続可能な社会」を構築していくために物質生産という面から眺めると，グリーンサステイナブルケミストリー（green sustainable chemistry）的な取組み方が模索され，固相合成法や"atom chemistry"といった取組み方から相関移動触媒，超臨界反応などの反応条件や反応場の検討，リサイクル可能な有機溶剤や廃水や反応残渣まで考慮した"zero waste"の方法などさまざまな取組みが始まっている。また，物質創製においても溶媒や触媒の環境への廃棄とその影響を考えてそれらを使用すべきであり，さまざまな取組みが行われている[1), 2)†]。

　その一つに繰返し使用可能なイオン液体（あるいは塩溶媒）の研究が知られており，実用的規模での研究へと展開しているので，どのような性質と特徴を有している物質なのかという基礎的な事項から解説し，どのような方向に最新の研究は進められているのかなどについて紹介していく。

---

† 肩付き数字は巻末の参考文献の番号を示す。

1.2 イオン液体とは

　新規な物性や化学的安定性を持つ常温イオン液体（room temperature ionic liquids）と呼ばれる液状の塩が新規な研究対象として学問的な興味を集め数多くの研究報告がなされている。インターネットのSci Finderでイオン液体を検索すれば，1999年までには百足らずの文献が検索されるのみであるが，2000年を境にして急激に数が増加しており，この分野への研究者の関心の高さが示されている。

　さて，イオン液体とはどのようなものなのであろうか。一般的に無機塩を液体にするためには800〜1 000 ℃あるいはそれ以上の高温が必要とされ，このため融点を下げるためには無機塩を混合するという手段が選ばれてきた。これに対して有機塩の中には，空気中で安定で常温常圧下，液体の塩が開発されてきている。そのような塩はイオン液体と称されているが，現在まで的確な定義はなく，一般的には以下のような性質を持つ液体の塩を称している。

○　蒸気圧がほとんどゼロ
○　難燃性
○　イオン性であるが低粘性
○　高い分解電圧

　そのため高温で溶融する塩も含まれており，呼称されている名称も高温溶融塩，イオン液体，イオン性液体などさまざまであり，統一した呼称はないので，本書においては，これまでによく使用され親しまれてきているイオン液体という名称で通したい。

　国際的には，正確に表現するためにはじめに書いたような常温イオン液体が用いられている。このような塩が20世紀初頭に見いだされ，電解質として電気化学の分野で主として研究されてきたが，90年代から台頭してきたグリーンケミストリー（green chemistry）という大きなうねりに乗ってたなびき始めている。ここでこのような塩の性質や利用方法について少し説明してみたい。図1.1の写真からイオン液体，水，ジエチルエーテルがたがいに混じり合わない

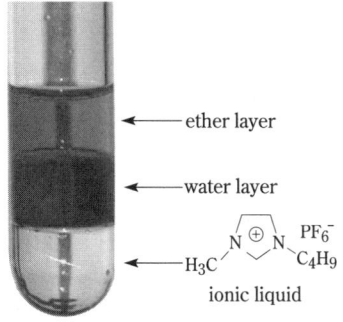

図 1.1 「塩」のくせに，水にも，油にも溶けない不思議な液体

ことがわかってもらえるであろう。

このたがいに混じり合わないという性質と化学的安定性がグリーンケミストリーの概念である「環境に優しい溶剤」，「繰返し使用可能な溶剤」として注目され，これまでに物質生産に用いられてきた有機溶剤の代替として利用され，さまざまな合成反応の反応場として用いられている。何回くらい同じ反応の場として使用可能なのか，筆者のグループはメタクロロ過安息香酸（mCPBA）を使用する酸化反応で試みている。

室温で酸化反応を行ったのち生成物をジエチルエーテルで抽出し，残ったmCPBAを処理して再使用した。そのようにして9回の酸化反応を繰り返しても，イオン液体の分解，変化などもなく，酸化反応の収率も保たれることを見いだしている（**図 1.2**）。

それでは200℃という高温での反応ではどうなのであろうか。高温でのイオン液体の特徴については，**図 1.3**に示すように，高温で10時間加熱する反応で使用しても分解することなく，この種のイオン液体の特徴がいかんなく発揮され，筆者らは3回ほど反応を繰返し行ったが回収後の再使用も問題なく可能であることを見いだしている。

代表的なイオン液体は，窒素系のみならずリンや硫黄化合物からもさまざまな構造を持つイオン液体が創製されている（**図 1.4**）。

cycle	1	2	3	4	5	6	7	8	9
yield〔%〕	74	72	71	71	71	71	70	64	67

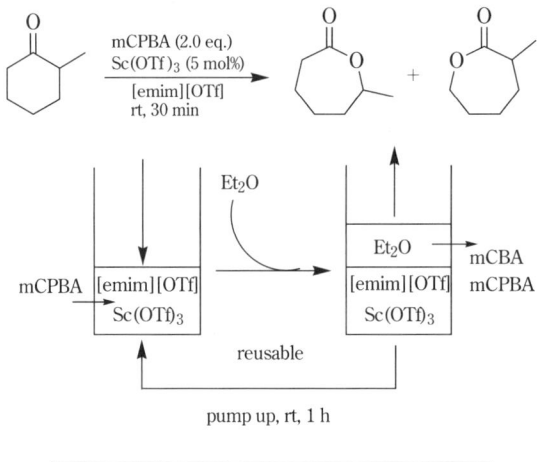

図 1.2　繰返し使用の例

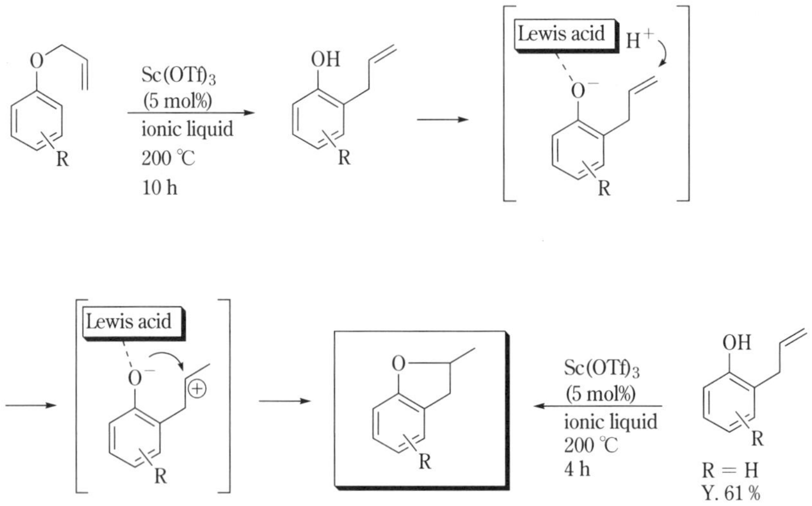

図 1.3　高温での繰返し反応

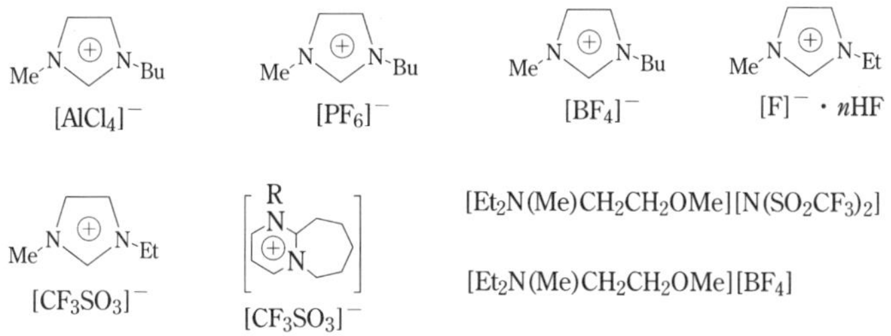

図1.4 代表的なイオン液体

1.3 ルイス酸性とルイス塩基性

特徴的なイオン液体の性質として知られているのが，カチオン部位とアニオン部位の分子組成比によってルイス酸（Lewis acid）として作用したり，ルイス塩基（Lewis base）として作用したりすることである．例えば，図1.5の[bmim][Cl]に示すように，塩化アルミニウム（$AlCl_3$）を加えていくことでイオン液体の一種が合成できる．この際，組成比を図に示したような値，カチオン部とアニオン部の比率が0.5以下であるとルイス酸性を示すイオン液体となり，1.5以上の比率になるとルイス塩基として作用する不可思議なイオン液体であり，このイオン液体のルイス酸・塩基としての作用発現についても知られている[3]．

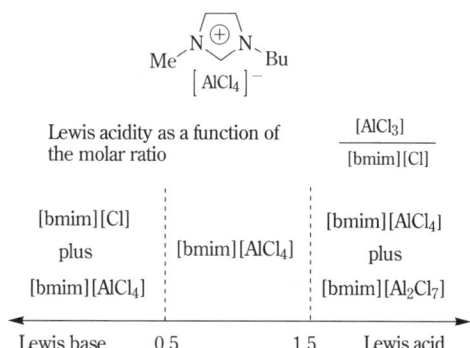

図1.5 ルイス酸およびルイス塩基としての[bmim][$AlCl_4$]

2 イオン液体の合成と物性

2.1 はじめに

90年代にイオン液体は大きな飛躍を果たし，合成化学の分野においてその奥深い化学的性質と安定性が注目されつぎつぎと合成反応の場として使用されていくにつれ，その合成法にも大きな変化が起こった。さらに，従来から行われてきた合成法に改良が加えられつつある。代表的な合成法としては，アニオン交換法，酸エステル法，中和法などが知られている[1~3]。

2.2 合成法

2.2.1 アニオン交換法

アニオン交換法はイオン液体の合成法としてはよく知られた方法であり，カチオン部位とハロゲンを含むアニオン部位から構成されるイオン液体の前駆体（わが国以外ではこの種の塩もイオン液体の一種として取り扱っている）に $NaBF_4$，$NaPF_6$，CF_3SO_3Na や $LiN(SO_2CF_3)_2$ などを反応させることにより合成されている。カチオン部位としては，アルキルイミダゾリウム，アルキルピリジニウム，アルキルアンモニウム，アルキルホスホニウムイオンなどが代表的なものとして知られている[3]（図2.1）。

このようなカチオン種を生成させるためのハロゲン化物としては，塩化物，臭化物，ヨウ化物といった化合物群が用いられるが，フッ素化ハロゲンからは合成が困難である。この種のイオン液体の合成法での問題点は，中間体として

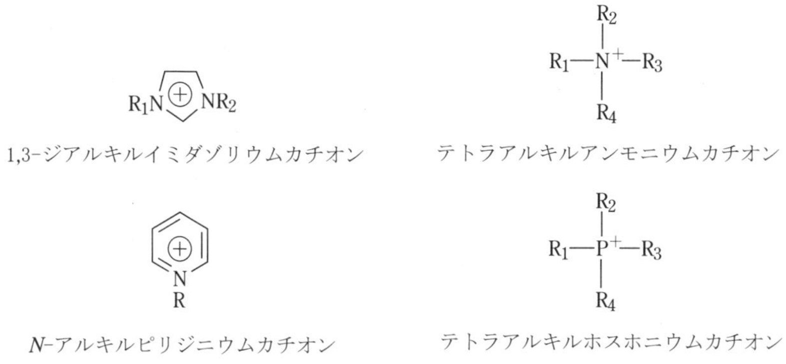

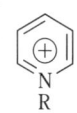
1,3-ジアルキルイミダゾリウムカチオン

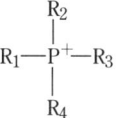
テトラアルキルアンモニウムカチオン

N-アルキルピリジニウムカチオン

テトラアルキルホスホニウムカチオン

図 2.1　代表的なカチオン

生成させるハロゲン化物の精製が難しいことがあげられる。そのため，最終目的物であるイオン液体中に若干の不純物が混在してしまう可能性がある。代表的な合成法を以下に紹介する（図 2.2）。

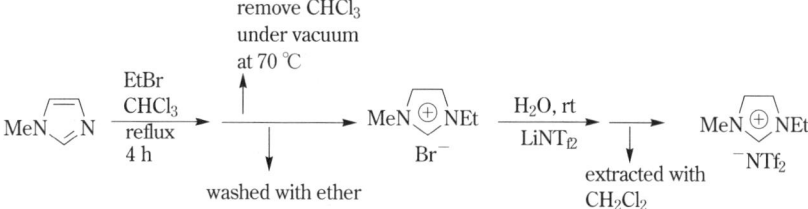

図 2.2　簡便な合成例

　メチルイミダゾールと臭化エチル（1.2 eq）をなす形フラスコに入れ溶媒としてクロロホルムを使用し，4 時間加熱還流したのち，減圧下で溶媒のクロロホルムと過剰の臭化エチルを留去した。得られた結晶をジエチルエーテルで洗浄したのち乾燥した。生成した 1-メチル-3-エチルイミダゾリウム＝ブロミドと LiN(SO$_2$CF$_3$)$_2$(1.1 eq)をなす形フラスコに入れ溶媒として水を加え，室温で一晩反応させた。生成物を塩化メチレンで抽出したのち，MgSO$_4$ で乾燥した。溶媒を減圧下で留去することにより，目的とするイオン液体を得ることがで

きる。

2.2.2 簡便な合成法（酸エステル法）

四級アンモニウム塩を経由し，アニオン部位を置換してイオン液体を得る合成法を詳細に検討すれば，もっと簡便な合成法があることに気づく。対のアニオン部位が BF_4^- や PF_6^- などではなく，$CF_3SO_3^-$ や $CH_3SO_3^-$ などであれば，相当する酸エステルとアミン系物質との直接反応という簡便な合成法で目的とするイオン液体が創製できるはずである。例えば，トリフルオロメタンスルホン酸エステルを用いる合成法があり，この方法では相当するイミダゾール類と反応させるだけで合成できる。文献では溶媒を使用して合成しているが，筆者らのグループでは氷冷下で無溶媒で合成する方が簡便であることを見いだしており，イミダゾール類以外の1,8-ジアザビシクロ[5,4,0]-7-ウンデセンや1,5-ジアザビシクロ[4,3,0]-5-ノネンなどからもイオン液体を合成可能であることを見いだしている。ただイオン液体では，精製方法がなく純度の確認手段が NMR（nuclear magnetic resonance）以外に困難である点に少し問題がある。精製法としては，減圧下 70～80 ℃ で 2 時間程度加熱する方法が簡便であり，収率よく目的物を得ることができる[3]。

図 2.3 のように，メチルイミダゾールを丸底フラスコに入れ，撹拌，氷冷しながらトリフルオロメタンスルホン酸エチルエステル（1 eq）をゆっくり滴下

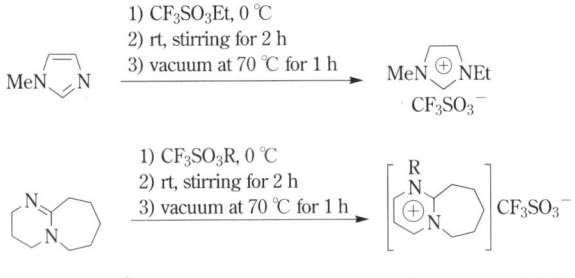

図 2.3　簡便な合成例

する．滴下後，一晩室温で撹拌したのち，減圧下 70 ℃ で 1 時間加熱することで精製する．

炭酸エステルを使用した三級アミンからイオン液体へと変換させる方法も知られている（**図 2.4**）．

$$R_3N + (MeO)_2CO \xrightarrow[\text{MeOH}]{\substack{110 \sim 150\ ℃ \\ <1.5\ \text{MPa}}} [R_3N^+Me][MeOC(O)O^-]$$
第 1 工程

$$[R_3N^+Me][MeOC(O)O^-] + HA \xrightarrow{\text{MeOH}} [R_3N^+Me][A^-] + CO_2 + MeOH$$
第 2 工程

図 2.4 炭酸エステル法

この工程でも純度を高めることが困難であったが，三菱化学により工業化されている．この生成法は，四級化反応と中和脱炭酸反応の 2 工程から成り立っており，第 1 工程では耐圧容器を使用した加圧下（圧力は 1.5 MPa 以下），加熱反応（110～150 ℃）である．この工程で生成したメチル炭酸四級アンモニウム塩のメタノール溶液を，第 2 工程で各種の酸と反応させると，炭酸ガスの発生を伴いながら反応が進行する．得られたメタノール溶液からメタノールを減圧留去することにより目的の塩が得られる．

この方法により合成できる各種のイオン液体を**図 2.5**に示す．

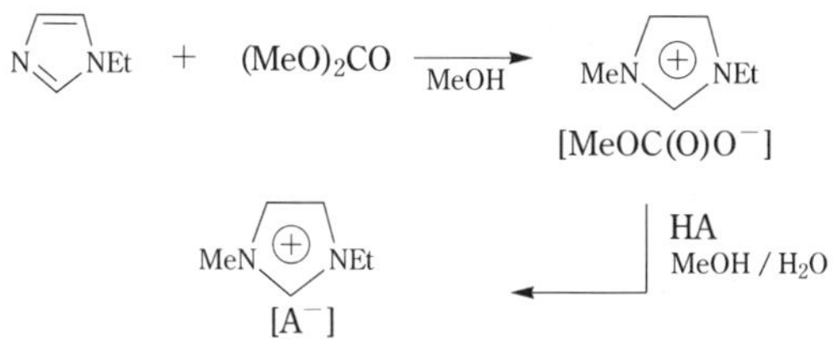

$$A = CF_3SO_3\ ;\ (CF_3SO_2)_2N\ ;\ (C_2F_5SO_2)_2N$$

図 2.5 炭酸エステル法を利用したイオン液体の合成

2.2.3 中 和 法

中和法は，三級アミン類を有機酸で中和する方法で合成されるオニウム塩と対アニオンを一段階で導入するきわめて合理的な合成法である（図 2.6）。三級アミン類と有機酸の等モルをエタノールに溶解し撹拌しながらゆっくりと混ぜ合わせ，しばらく撹拌したのちエタノールを減圧下で濃縮し，濃縮液を脱水したジエチルエーテルに滴下し，相分離した液層または沈殿を分離し，洗浄したのち 60℃ で真空乾燥することにより合成することができる。この種の塩の特性は，カチオン種に大きく依存しておりカチオン種の構造により融点は大きく変化する。この合成法により，テトラフルオロホウ酸塩，硝酸塩，塩酸塩，トリフレート塩など多種多様の塩類を創製することが可能となった[3]。

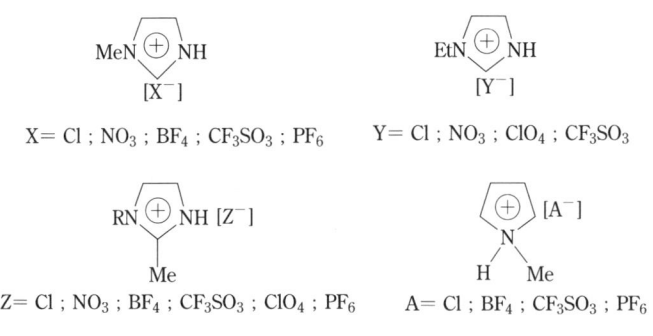

図 2.6　中和法を利用した塩の合成

イオン液体の取扱い方

イオン液体は一般的な有機溶剤と比較して粘度が高いので，その取扱い方に関しては，各試薬メーカーが提供している MSDS（製品安全データシート）を参照することが必要である。新規な物質が多いので毒性データがほとんどないのが実情であるため，取扱いと保管には気をつける必要がある。特に，テトラフルオロボレート（BF_4）をアニオンとするイオン液体については，劇物に該当するので注意が必要である。

2.3 構造と物性

前述したように,アニオン交換法で合成したイオン液体は精製が難しく,数多くの研究者により,融点・密度・粘度などの物性値が報告されているが,少し値にばらつきがある。一例として,図 2.7 に示すような 1-ethyl-3-methyl-imidazolium hexafluorophosphate [emim][PF$_6$]を調べてみると,融点は,-3.15,-16.15,-17.15 ℃ という三つの値が報告されており,密度でも若干異なる値が報告されている。本来なら一つであるべき物性値がばらついているのは,純粋にすることが困難であることを示唆している。

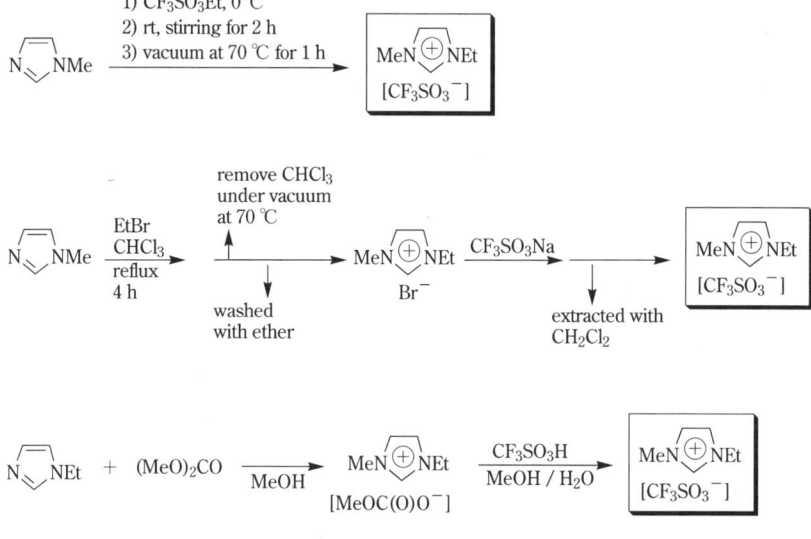

図 2.7 合成経路による精製の困難さ

精製がいかに困難なことか,もう一度合成法をあげて説明してみたい。一段階での合成では,等モルを混合して反応を行うわけであるが,化学反応であるため 100 % の反応効率で進行することは困難であると考えられ,減圧下でもすべての未反応物を留去できず精製が難しい。2 番目のハロゲン化合物を経由するアニオン交換法では未反応の CF$_3$SO$_3$Na の除去が水洗いできないために困難

であり，3番目のアニオン交換法では未反応のCF_3SO_3Hの除去がやはり難しい。

2.3.1 イオン液体の構造

イオン液体の特異的な物性，① なぜ融点が低く常温で液体であるのか，② 高い導電率は何に起因するのか，③ 粘度は何に支配されているのか，④ カチオンとアニオンの間に働く力は静電的なクーロン力だけなのか，⑤ カチオンとアニオン間の水素結合は存在するのか，等々を明らかにするためには，構造解析が重要な因子と考えられている。それでは，どのあたりまで構造解析が進歩しているのであろうか。

構造解析の対象となってきたイオン液体は，常温では結晶の 1-メチル-3-エチルイミダゾリウム＝ハライド類であり解析研究が数多くなされてきている。図 2.8 に示す [emim][Cl] においてもカチオンとアニオン間での水素結合が確認されている。特に，イミダゾリウム環の三つの炭素 C-1，C-2 および C-3 位の水素原子が水素結合に関与しているが，C-1 位の水素とアニオン間の距離が最短であり，この水素が水素結合に関与している度合いが最も大きいと考えられている[3]。

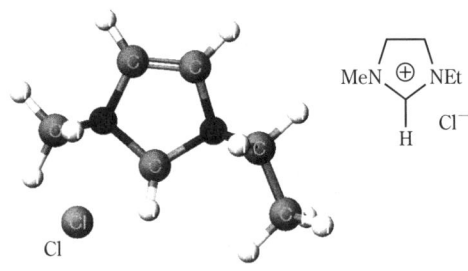

図 2.8　1-メチル-3-エチルイミダゾリウム＝クロリド

[emim][Br]，[emim][I] は同じ結晶構造を持ち，図 2.9 に示すような形の水素結合，すなわち一つのアニオンが三つの別々のイミダゾリウム環の C-1，C-2，C-3 位の水素原子と結合しており，一つのカチオンが三つのアニオンと水素結

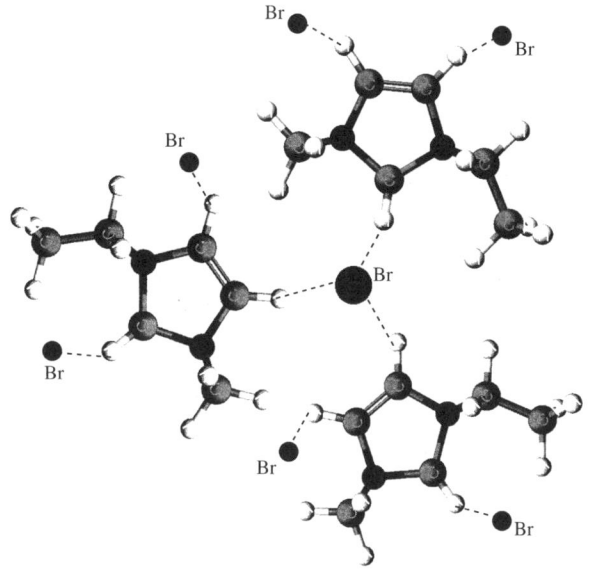

図2.9　[emim][Br]または[emim][I]の水素結合の状態

合している。しかしながら，[emim][Cl]はもう少し複雑な水素結合を形成しており，一つのアニオンが三つの別のイミダゾリウム環のC-1，C-1，C-2位の水素と結合したもの，C-1，C-2，C-2位の水素と結合したもの，C-2，C-3，C-3位の水素と結合したもの，さらにはC-1，C-3，C-3位の水素と結合したものが並存しているので，[emim][Cl]ではアニオンとの水素結合の様式に図2.10に示すような4種類のイミダゾリウムカチオンがかかわっていることとなる。三つの塩の融点にはたいした相異が見られないため，この結晶構造の多様性が物性にどのように関係しているのかはこの結果からは明らかになっていない。

このほかに，[emim][PF_6]のX線結晶構造解析も行われており，PF_6のフッ素原子はカチオン部位のイミダゾリウム環のC-1位の水素原子と水素結合を形成していることが報告されており，図2.10に示したようにその水素結合の距離はフッ素原子と水素原子それぞれのファンデルワールス半径の合算値以下である。前述した結果とこの結晶構造解析からイミダゾリウム環のC-1位の水素原子が最も強く水素結合に関与していることが明らかとなった。

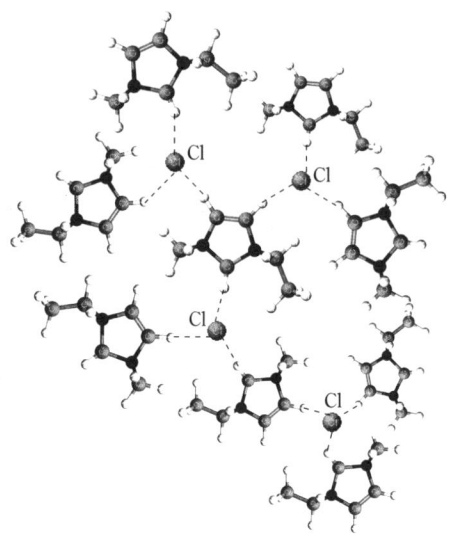

図 2.10　[emim][Cl] の水素結合の状態

　[emim][X] 中の水素結合を示唆する分光学的データは，赤外線吸収スペクトルや NMR スペクトルの測定結果からも得られている。例えば，しばしば NMR スペクトルの測定で利用されている濃度変化による化学シフト値の変化の測定において，濃度を希釈したときの変化の度合いは C-1 位の水素原子が最も顕著に現れることが確認されており，C-1 位の水素原子が最も強く水素結合していることが示唆されている。さらに，イオン液体である [bmim][BF_4] や [bmim][PF_6] においても水素結合が確認されているが，ある温度を境にしてイオンペアからイオンへと解離する可能性も示唆されている[3]。

2.3.2　導　電　率

　イオン液体のような性質の物質に対して導電率を考えるときは，粘性のことを考慮して論じる必要がある。粘性の低い純粋な液体に対しては，Stokes-Einstein 式がかなり適合するように，イオン液体には Walden 則が比較的よく適合する。流動度の単位にポアズ（poise, P）の逆数をあて，当量導電率の単位に $S \cdot mol^{-1} \cdot cm^2$ を用いたとき，図 2.11 に示すようなプロットとして描くことが

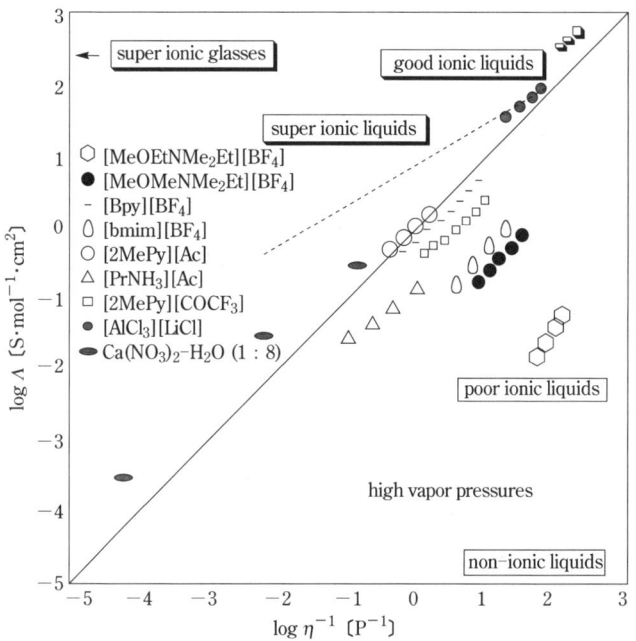

図 2.11 イオン液体に関する Walden プロット

可能となる。

さらに，導電率についての報告では，[emim][X] を水，ニトロエタン，塩化メチレンなどで希釈して測定されている。その結果として，塩化メチレンで希釈したときにはモル導電率がほぼゼロになると報告されている。また，水やニトロエタンの希釈では，それぞれに対応した濃度依存性を示し導電率が変化する[3]。

2.3.3 イオン液体の極性

液体という状態は，分子の配列に規則性がない自由な状態をとっている状態であるという考え方であるが，固体の [bmim][ハロゲン] についての最近の X 線構造解析は，どうやらイオン液体は従来の液体とは異なる状態をとっているようである。さまざまな構造解析から明らかににになってきていることは，カチオ

ンとアニオンが交互に規則正しく配列しているのではなく，図2.12に示すようなカチオン部位が規則正しく配列し一つの群を形成しており，アニオン部位も同様に規則性を持って配列していることである。さらに，その他のスペクトル測定から，常温においてもこの規則性がかなり保たれているらしいことが推測されており，イオン液体はこれまでの液体という状態の定義では説明しきれない状態で成り立っているのかもしれない。現代風に表現すれば，ナノクラスター構造とでも言い表すのが妥当なのかもしれない。

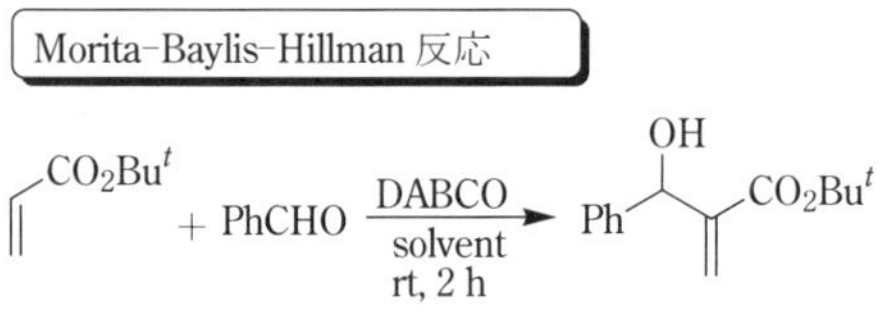

Morita–Baylis–Hillman 反応

$$\text{CH}_2=\text{C(CO}_2\text{Bu}^t\text{)} + \text{PhCHO} \xrightarrow[\text{rt, 2 h}]{\text{DABCO, solvent}} \text{Ph-CH(OH)-C(CO}_2\text{Bu}^t\text{)=CH}_2$$

溶媒中での相対反応性

entry	solvent	amount of Sc(OTf)$_3$ 〔mol%〕	yield 〔%〕	k_{rel}
1	MeCN	0	3.8	1
2		5	11.6	3.1
3	H$_2$O	0	17.1	4.5
4		5	15.4	4.1
5	[emim][OTf]	0	17.9	4.7
6		5	30.7	8.1

図2.12 溶媒の反応促進効果

では，極性はどのように発揮されるのであろうか。いくつかの実験結果を例にして説明してみたい。まず，一つ目の例としてつぎのような付加反応，Morita–Baylis–Hillman反応における反応速度の促進効果をあげてみたい。一般的な有機溶剤であるアセトニトリルやテトラヒドロフランなどと比較すると，イオン液体中での反応は促進されていることが図2.12の表からわかる。このことから，中間体として生成されるアニオンが活性化されていると推測される。イオン液体は，生成したアニオンを溶媒和して安定化させるとともに，より活性の高い状態としてアニオンを保持しているものと考えることができる[4]。

二つ目の例として，パラジウム触媒で進行するアリル化反応を見てみたい。

通常この種の反応は，よく脱水されたテトラヒドロフラン（THF）などの有機溶媒中で行われるが，同じ反応をイオン液体中で行うと反応が加速されることが報告されている。この反応系では，パラジウム（0）触媒と基質から図 2.13 に示すような中間体が生成し，アニオンはパラジウムと弱く結合しており裸のアニオンとして存在していないと従来から推測されてきている。しかしながら，この反応をイオン液体中で行うとアニオンとパラジウム間の結合は弱まり裸に近いアニオンが形成され，反応が加速されていると推測されている。

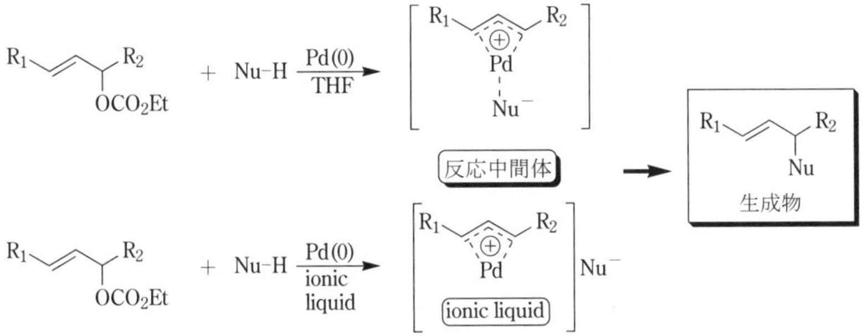

図 2.13 イオン液体の反応促進効果

2.3.4 極性評価方法

物質の極性を表現する溶媒パラメータには，これまでいくつかの方法が提案されてきているが，Gutmann によって提案された溶媒の塩基性や酸性の程度を示す donor number（DN，溶媒分子間と塩化アンチモン間との会合反応のエンタルピーによって定義），acceptor number（AN，溶媒とトリフェニルホスフィン＝オキシドの付加物の ^{31}P NMR の化学シフト値）があり，このパラメータによって水素結合やイオンの溶媒和，錯体の安定度，各種の化学反応における溶媒効果などを極性という概念で示すことが可能となった[3]。

2.4 分離・抽出

2.4.1 分離・抽出溶媒

化学産業の物質生産過程においては,分離操作という段階は必要不可欠なものであり,単純な操作ではあるが非常に重要であり困難な問題点を抱えている。特に近年,環境問題という観点から廃棄物をできるだけ出さないようにするという,克服するのに大きな努力と知恵を必要とする要求はますます厳しさを増してきている。

21世紀型のグリーンケミストリー的立場から,この分離・抽出溶媒として液-液二相分配法に対処可能なイオン液体に期待が集まっている。

R. D. Rogersらは,水と混じり合わないブチル=メチル=イミダゾリウムヘキサフルオロリン酸塩 [bmim][PF_6] と水との二相を用いて液-液抽出の評価指数となる分配係数について,水-オクタノール系の分配係数と水-イオン液体系との比較についてよい対応関係があると報告している。

ここで,水-オクタノール系の分配係数は,溶質の疎水性を示す指標として考えることができ,水-イオン液体 [bmim][PF_6] からは,より疎水性が高い溶質が [bmim][PF_6] に溶解することが**図2.14**に示唆されている[3]。

また,中性や非極性の溶質は,電荷を有するものや水素結合が可能な溶質と比較するとその分配係数が大きいことが示唆されている。また,安息香酸の中性および酸性条件下での水-イオン液体 [bmim][PF_6] における分配係数は >1 であるが,塩基性条件下では <1 となる。さらに,アニリンなどではまったく正反対の値となる。

すなわち,塩基性条件下において水-イオン液体 [bmim][PF_6] における分配係数は >1 であり,酸性条件下では <1 になる。このことは,[bmim][PF_6] のようなイオン液体が,オクタノールと同様な能力を持った抽出溶媒として使用可能なことを示している。

水以外の溶質からの液-液抽出も可能であり,ディーゼルオイルに含まれる硫黄系物質,例えばベンゾチオフェンなどの芳香族硫黄化合物は,イオン液体-

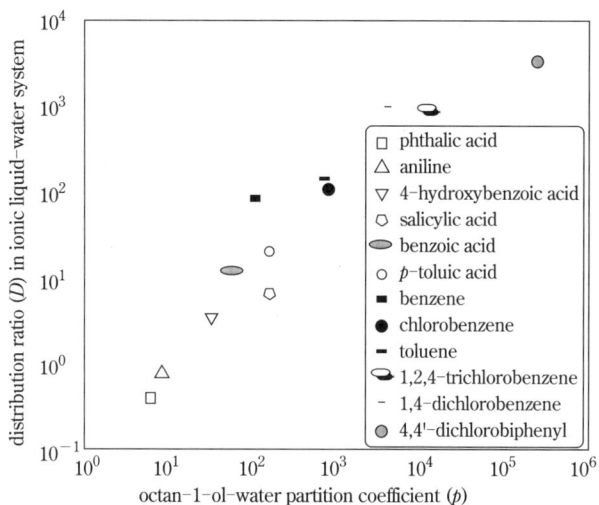

図 2.14　1-オクタノール-水系における溶質の分配係数と
[bmim][PF$_6$]-水系における分配係数との比較

ドデカン系，液-液抽出で比較的よく除去可能であることが報告されている。

　[bmim] 系における対アニオンと抽出効率との関係を検討したところ，オクチルスルホナートなどの大きな脂溶性部を持つものほど効率が高いことがわかっている。

　イオン液体-ディーゼルオイル系における連続抽出では，硫黄含量を 10 ppm 以下にすることが可能である。

　また，**図 2.15** に示すように水層から有機物を抽出し，加熱回収処理により有機物だけを蒸発・分離したのち，イオン液体を再使用することも可能であり，この再使用こそがイオン液体の特徴である。

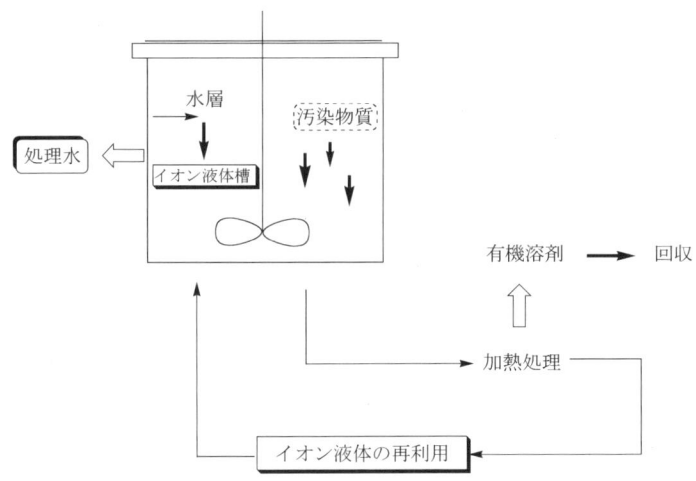

図 2.15 廃水や油層から有機物を抽出する操作模式図

2.4.2 超臨界 CO_2 の利用

ブチル＝メチル＝イミダゾリウムヘキサフルオロリン酸塩 [bmim][PF_6] に超臨界 CO_2 を加え溶解性を検討したところ，8 MPa において超臨界 CO_2 はイオン液体に 0.6 モル分率まで溶解されており，それ以上になると二層に分離し，分離した超臨界 CO_2 層にはイオン液体が含まれていないことも明らかにされている。イオン液体に溶け込んだ有機物を超臨界 CO_2 で抽出する具体例としては，[bmim][PF_6] に溶かしたナフタレンを 13.8 MPa, 40 ℃ において超臨界 CO_2 により抽出し，結果として，94～96 % のナフタレンは超臨界 CO_2 に回収された。抽出後，常圧に戻すことでナフタレンは回収された。このような結果は，水層からイオン液体に有機物を抽出し，イオン液体の再使用のために超臨界 CO_2 が使用可能であることを示唆しており，「環境調和型溶剤」としてのイオン液体の価値観をさらに高めている[3]。

また，ルテニウム-BINAP 触媒は超臨界 CO_2 を溶媒として利用するのには，この触媒の溶解性が低いという問題点を抱えていたが，イオン液体 [bmim][PF_6] を用いてルテニウム-BINAP 触媒を利用した不斉水素化を行い，生成物のみを超臨界 CO_2 層へ抽出し，効率よくイオン液体と触媒から構築される反応場を再

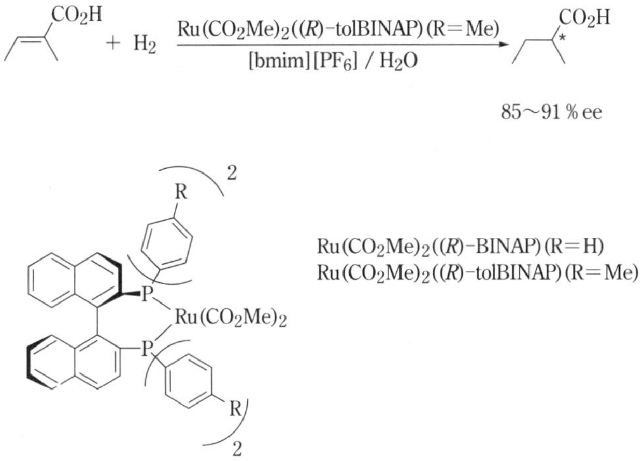

2.4 分離・抽出　21

$$\text{CH}_3\text{CH=C(CH}_3\text{)CO}_2\text{H} + \text{H}_2 \xrightarrow[\text{[bmim][PF}_6\text{] / H}_2\text{O}]{\text{Ru(CO}_2\text{Me)}_2((R)\text{-tolBINAP)(R=Me)}} \text{CH}_3\text{CH}_2\text{CH*(CH}_3\text{)CO}_2\text{H}$$

85～91 % ee

Ru(CO$_2$Me)$_2$((R)-BINAP)(R=H)
Ru(CO$_2$Me)$_2$((R)-tolBINAP)(R=Me)

図 2.16 [bmim][PF$_6$] 中での不斉水素化反応

使用できる方法が見いだされている（**図 2.16**）。

2.4.3 層分離現象

　超臨界現象とイオン液体の性質はきわめて興味深い層分離現象を出現させることも知られている。イオン液体 [bmim][PF$_6$]-超臨界 CO$_2$-メタノール(MeOH) 系では，炭酸ガスの圧力に応じてさまざまな層分離が観察される。加圧していくとある圧力（K-point）で三層構造になることが知られており，最も比重が大きい層にはイオン液体が多く含まれ，中間層ではメタノールが多く含まれる。さらに，最も比重が小さい層は，メタノールをわずかに含んだ超臨界 CO$_2$ 層であった。さらに，加圧すると層は二層となり，下層部はイオン液体層であり，上層部はイオン液体をまったく含まないメタノールのみを含む超臨界 CO$_2$ 層であることが明らかにされた。このような現象は，超臨界 CO$_2$ を利用することにより，有機溶剤とイオン液体を分離できる可能性を示唆しており，今後の展開に興味が持たれる[3]。

2.5 分子集合性イオン液体

2.5.1 分子集合体

　生体の中では，さまざまな現象がイオン液体に類似した現象をもとにして起きていると考えられており，多種多様な取組み方が始まっている。その一つとして，二分子膜や自己組織性イオノゲルの形成などの分子組織化現象をあげることができ（図2.17），さらなる展開としてはDNA的応用などもある。

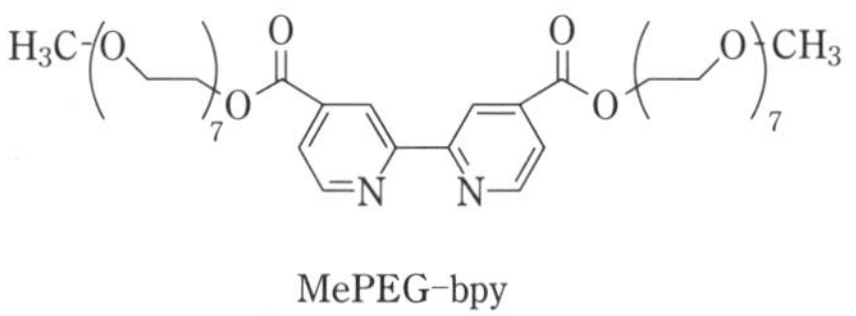

$$H_3CO()_7O-[bpy]-O()_7OCH_3$$

MePEG-bpy

1 : Co(MePEG-bpy)$_3$(ClO$_4$)$_2$
2 : Fe(MePEG-bpy)$_3$(ClO$_4$)$_2$
3 : Co(MePEG-bpy)$_3$ DNA

図2.17　DNAを模式した液晶

　これまでにも，ミセルや二分子膜などの分子集合体は幅広く研究されてきているが，二分子膜は特に希薄水溶液中においてもジアルキル型の両親媒性分子により構成される安定な分子組織構造となりうることが知られている。分子組織体形成の駆動力は，溶媒（水や有機溶剤）と溶質の分子間相互作用力の差に起因しており，両親媒性分子の疎媒部間相互作用と媒体の分子間相互作用が異なることである。このことから，イオン液体中でも二分子膜や自己組織性イオノゲル（エーテル結合を有するイオン液体にアガロースを溶解させ冷却すると物理ゲルが形成されるところからこの名称の由来となっている）の形成が期待できる。

　君塚らは，二分子膜が形成可能で糖類などを溶媒和するイオン液体を分子設計し，水素結合のアクセプターとして働くことが期待できるエーテル結合を分子内に有するイオン液体を合成しており，合成されたイオン液体は，D-グルコース，シクロデキストリン，アガロース，アミロース，グルコースオキシダーゼなどに対して優れた溶解性を示した。さらに，合成したイオン液体の対アニオンをビストリフルオロメタンスルホニルイミド基（TFSI）に置換したもので

は，溶解性が極端に低下することからブロモアニオンが水素結合に関与していると推定されている（**図2.18**）。このようなハロゲンアニオンの水素結合への関与に関しては他のグループからも提案されている[3]。

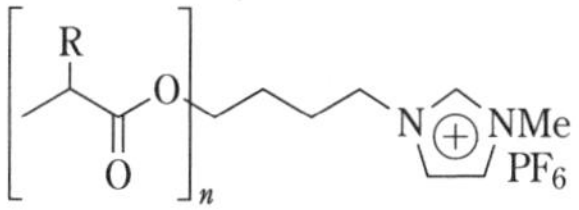

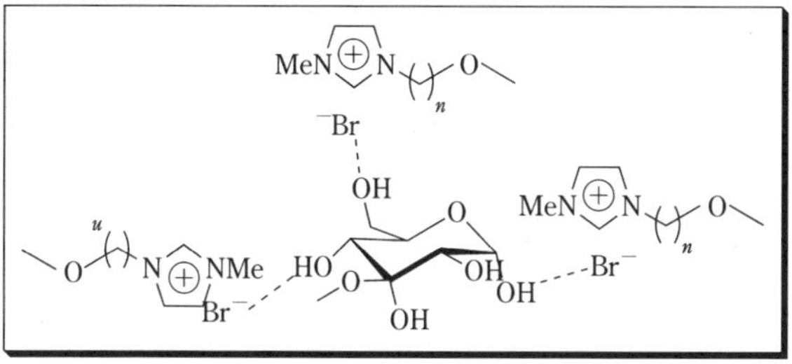

図2.18 ブロモアニオンを介した水素結合による糖の溶媒和

2.5.2 二分子膜の形成

ジアルキルアンモニウム塩 10 mM の濃度でイオン液体 [bmim][PF$_6$] に超音波分散させ示差走査熱量分析（DSC）測定および暗視野光学顕微鏡観察を行ったところ，単純ジアルキルアンモニウム塩は，イオン液体 [bmim][PF$_6$] 中でアンモニウム基を"ionophilic"部，アルキル鎖を"ionophobic"部として機能する二分子膜を形成することが明らかとなった（**図2.19**）。

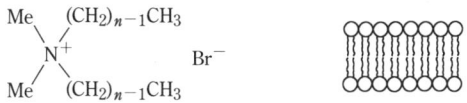

図2.19 二分子膜の模式図

図2.20 に対アニオンとして臭素や TFSI（N(SO$_2$CF$_3$)$_2$）基を有する二分子膜形成が観察されるイオン液体を示す[3]。

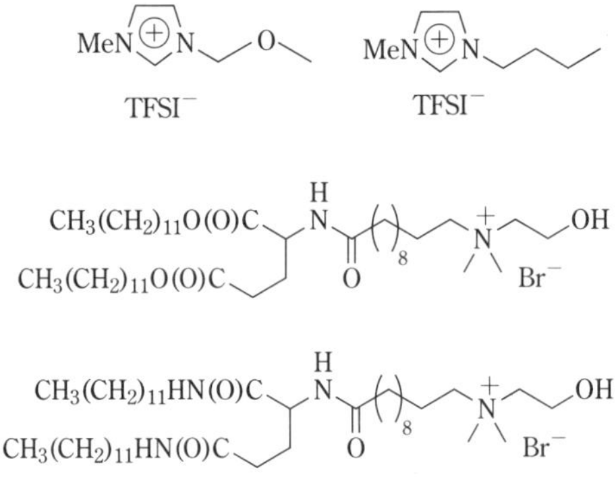

図2.20 二分子膜の形成

2.5.3 双性イオンタイプの塩

これまで述べてきたイオン液体は，カチオン部と対のアニオン部で成り立っていたが，一つの分子の中に両イオンを含有している双性イオン（zwitterionic liquids）タイプの塩も知られている。双性イオンタイプの合成経路は，大きく2種類のルートで行われている。第一のルートは，アルキルスルトンを活用して一段階で合成するルートであり（図2.21），2種類の原材料を混合するだけの反応なので副生成物もなく精製も簡単である[3]。

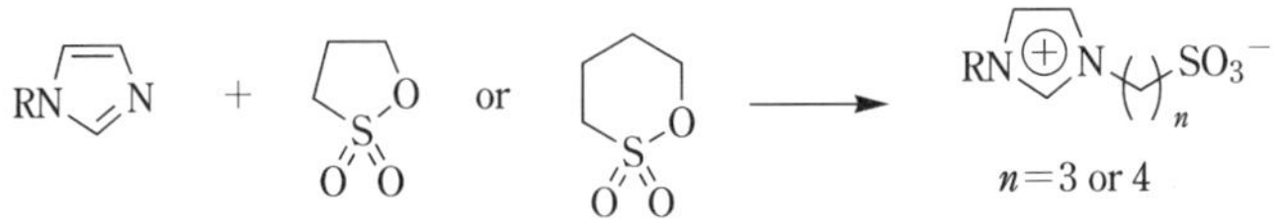

図2.21 アルキルスルトンを活用した一段階合成法

別法としては，カルボキシルアニオン部を有する双性イオンの合成法があり，この方法では系中に残存する塩の精製が難しい（図2.22）。

両方の方法を駆使して，これまでに二十数種類の双性イオンタイプの塩が合成されている。これらの塩は，融点が100〜300℃と比較的高く，分子内にカチオンとアニオンを有しているためにイオンの自由度が制限され室温で液体にはなりにくい塩となっている。イオンの自由度が制限されているため，バルク

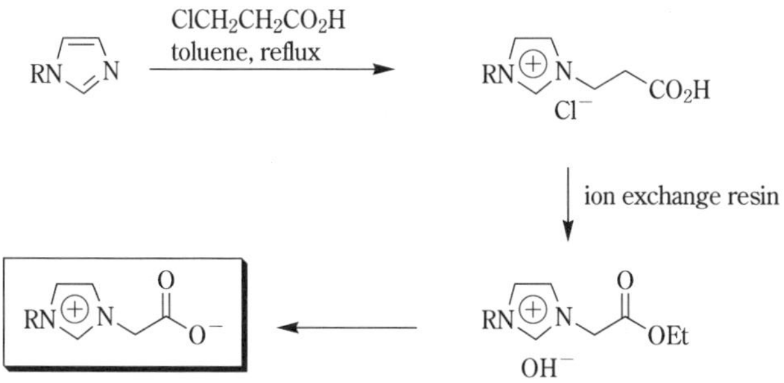

図 2.22　カルボキシルアニオンを有する双性イオンの合成

イオン導電率にこの塩の特徴が現れ，50℃において10^{-9} S/cm 以下と非常に低くなる。大野らの詳細な研究によれば，キャリヤイオンを生成させるために，等モル量の Li 塩（LiCl，LiBF$_4$，LiCF$_3$SO$_3$，LiN(SO$_2$CF$_3$)$_2$）を双性イオンに添加して融点やイオン導電率が測定されている。いずれの塩が添加されても融点が消失し，ガラス転移温度（T_g）のみが観測され，LiN(SO$_2$CF$_3$)$_2$ のときには T_g（-18℃）を示した。さらに，イオン導電率は LiN(SO$_2$CF$_3$)$_2$ を添加したときに 50℃で約 10^{-6} S/cm という値であった。LiN(SO$_2$CF$_3$)$_2$ の場合には一般的な有機溶媒よりも Li$^+$ の輸送に優れているが，それはオニウムカチオンと NSO$_2$CF$_3$ アニオンの組合せによりイオン液体が形成され残されたリチウムカチオンが系中を移動しやすいキャリヤイオンとなっていることに起因している。

このような双性イオンの新しい用途として，Davis, Jr. らによって最近，触媒や溶媒としての展開が報告されている（図 2.23）。彼らは，系中にトリフルオ

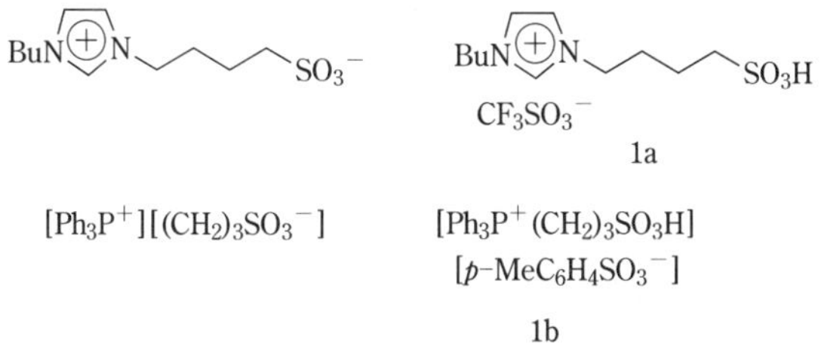

図 2.23　反応場としての双性イオン

ロメタンスルホン酸や p-トルエンスルホン酸を添加してエステル合成を行っている（図 2.24）。

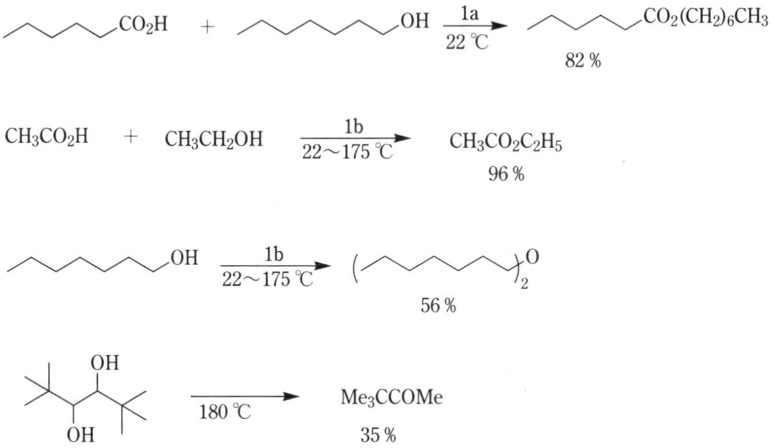

$$\text{CH}_3(\text{CH}_2)_4\text{CO}_2\text{H} + \text{CH}_3(\text{CH}_2)_6\text{CH}_2\text{OH} \xrightarrow[22\,^\circ\text{C}]{1a} \text{CH}_3(\text{CH}_2)_4\text{CO}_2(\text{CH}_2)_6\text{CH}_3$$
82 %

$$\text{CH}_3\text{CO}_2\text{H} + \text{CH}_3\text{CH}_2\text{OH} \xrightarrow[22\sim175\,^\circ\text{C}]{1b} \text{CH}_3\text{CO}_2\text{C}_2\text{H}_5$$
96 %

$$\text{CH}_3(\text{CH}_2)_6\text{CH}_2\text{OH} \xrightarrow[22\sim175\,^\circ\text{C}]{1b} (\text{CH}_3(\text{CH}_2)_6\text{CH}_2)_2\text{O}$$
56 %

$$\underset{\substack{\text{OH} \\ \text{OH}}}{(\text{Me}_3\text{C})\text{CH}-\text{CH}(\text{CMe}_3)} \xrightarrow{180\,^\circ\text{C}} \text{Me}_3\text{CCOMe}$$
35 %

図 2.24 双性イオンが構築する反応場でのエステル化反応

2.5.4 トリプルイオン型塩

分子内にダブルアニオン構造を有し，カチオン部に金属カチオンを保持しているトリプルイオン型塩が知られている（図 2.25）。この塩は，イミダゾリウ

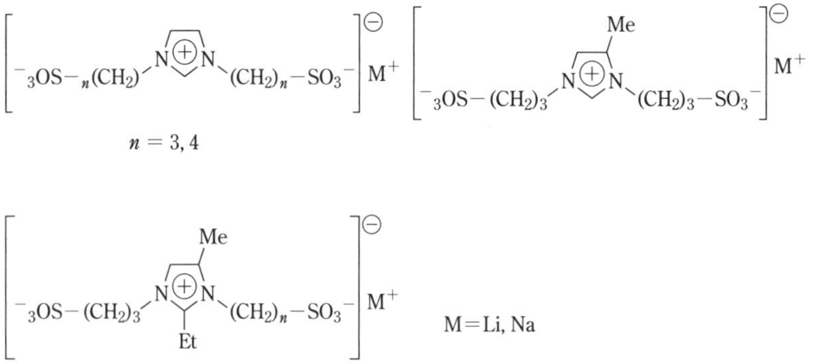

$$\left[{}^-{}_3\text{OS}-{}_n(\text{CH}_2)\overset{+}{\text{N}}\diagdown\text{N}-(\text{CH}_2)_n-\text{SO}_3{}^- \right]^{\ominus} \text{M}^+ \quad \left[{}^-{}_3\text{OS}-(\text{CH}_2)_3\overset{+}{\text{N}}\diagdown\overset{\text{Me}}{\text{N}}-(\text{CH}_2)_3-\text{SO}_3{}^- \right]^{\ominus} \text{M}^+$$

$n = 3, 4$

$$\left[{}^-{}_3\text{OS}-(\text{CH}_2)_3\underset{\text{Et}}{\overset{\text{Me}}{\overset{+}{\text{N}}\diagdown\text{N}}}-(\text{CH}_2)_n-\text{SO}_3{}^- \right]^{\ominus} \text{M}^+ \qquad \text{M = Li, Na}$$

図 2.25 トリプルイオン型塩の構造

ム系物質とアルキルスルトンを反応させることにより容易に合成することが可能である。この塩の特徴は一つのカチオンがダブルアニオンを中和するように振る舞うので，もう一つのカチオンが比較的フリーな立場として動きやすいためにシングルイオン電導性マトリックスとして期待されている。双性イオンでも観察されたことであるが，イミダゾリウム環とスルホン酸基間のスペーサーが長くなると物質の融点が低下する傾向にある。

ダブルカチオン性の塩については，アルカリ金属イオンをカチオン部に利用する塩が知られている。これらの塩は，粘性が比較的高いものの室温で液体になることが確認されている（図 2.26）。合成方法は，硫酸水素塩と三級アミンの中和反応による一段階反応である。特に，エチルイミダゾリウムカチオンと硫酸アニオンから構成される塩では，金属イオンとの組合せによる塩が室温で液体となり，イオン導電率は約 10^{-4} S/cm という比較的高い値を示した[3]。

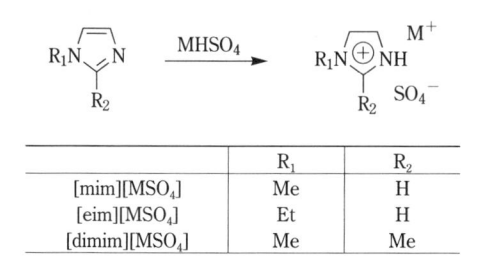

	R_1	R_2
[mim][MSO$_4$]	Me	H
[eim][MSO$_4$]	Et	H
[dimim][MSO$_4$]	Me	Me

図 2.26 多価イオン性塩の合成

2.5.5 ポリエーテル系塩

多価イオン性塩の一群としてポリエーテル系の多価イオン性塩がある。これは，イオン導電性高分子であるポリエーテルのオリゴマーに各種の塩構造を共有結合させて生成された物質であり，ポリエーテル/塩ハイブリッドと称されている（図 2.27）。

高分子物質が持つ特性の一つとして導電性をあげることができるが，イオン導電性高分子の代表的な物質がポリエチレンオキシド（PEO）であり，この高分子物質とその誘導体は 60 ℃ 付近に融点を持つことが知られており，それ以

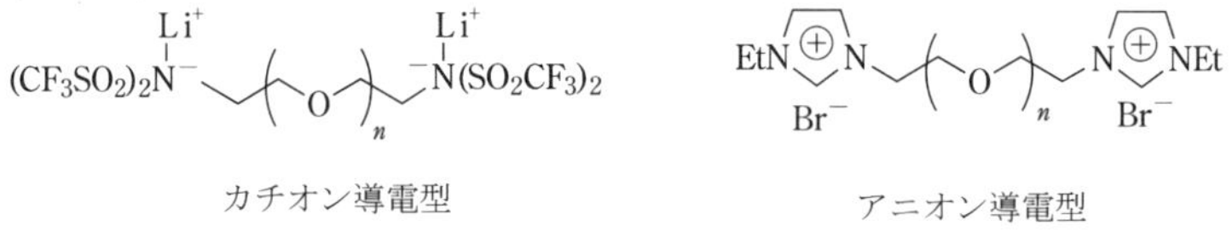

図2.27 ポリエーテル/塩ハイブリッドオリゴマー

上の温度域では比較的高いイオン導電率を示す。この性質改善のためにポリエーテルと塩構造を共有結合させた単量体の重合が行われてきた（図2.28）。合成されたハイブリッドオリゴマーでは，ある特定の分子量範囲内ではポリエチレンオキシドや塩，いずれの結晶性も消失し液体となっており，他の物質を添加することなく 10^{-5} S/cm 程度のイオン導電率を示す。このハイブリッドオリゴマーの特徴は，末端にアニオン種を共有結合で導入できるならアルカリ金属塩など各種のカチオン部位を適応させることができ，これまでのイミダゾリウム塩を中心として作製されてきたオニウム塩系イオン液体の問題点，① 電荷が非局在化されたイオンである，とか ② 立体的に非対称なイオンを使用している，等々の点が改善され，より性質が向上したイオン液体の創製が可能となると期待される[3]。

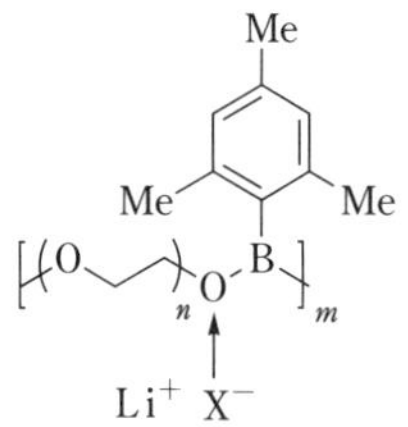

図2.28 アニオントラップ型イオン導電体

2.5.6 液晶性イオン流体

イオン液体と液晶を組み合わせた系もイオン導電性物質として注目されている。イオン液体との親和性を考慮して水酸基を有する液晶性物質を混合すると，液晶部分の水酸基によってイオン液体が組織化されたがいが相分離した秩序構造が構築される。例えば，イオン液体と液晶の等モル混合体は温度依存性の性質を示すことが知られている。また，イオン液体を側鎖部分をさまざまに変化

させて液晶性を発現させるという試みも行われている。**図 2.29** に示すような側鎖に炭素数 12 こ以上の長鎖アルキル基やペルオルオロアルキル基を導入し，この部位をナノメートルスケールで相分離させることによりサーモトロピック液晶性有機塩としている。形成される液晶相は，分子内のイオン性基と非イオン性基の形状や体積比によって決定される。アルキル鎖が長くなるほど液晶相-等方相転移温度が高くなり液晶性の安定性が向上する[2), 3)]。

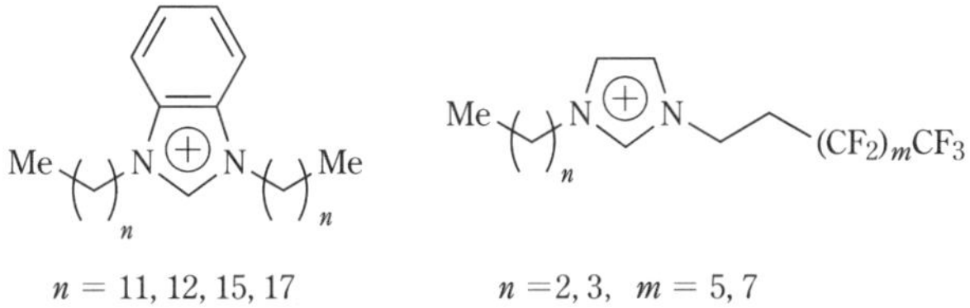
Me
N
N
Me
n
n
n = 11, 12, 15, 17
Me
N
N
n
(CF2)mCF3
n =2, 3, m = 5, 7

図 2.29 いくつかのイオン性液晶の構造

2.6 イオン液体の新しい動き

急速に展開されているイオン液体の用途は，化学の反応場とはどのようなものなのかということへの新しい動きとして現れており，イオン液体を分子内の一部分としてとらえ，機能発現のための部位を別に導入した系が開発されている。

2.6.1 薗 頭 反 応

数 mol%のイオン液体を触媒のように利用する系としては，薗頭反応が知られている。この合成反応は，アルキンと金属試薬から生成させたアルキン金属試薬とハロゲン化物との反応から合成されるのが一般的であるが，反応条件がかなり厳しく温和な条件下での薗頭反応は，実用的な合成法となっている（**図 2.30**）。

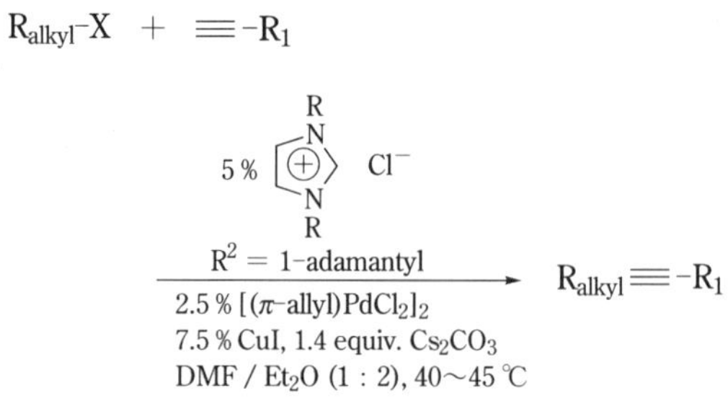

30　2. イオン液体の合成と物性

$$R_{alkyl}\text{-}X \; + \; \equiv\text{-}R_1 \xrightarrow[\substack{2.5\%\,[(\pi\text{-allyl})PdCl_2]_2 \\ 7.5\%\,CuI,\,1.4\,equiv.\,Cs_2CO_3 \\ DMF/Et_2O\,(1:2),\,40\sim 45\,℃}]{\substack{5\%\;[\text{imidazolium}]\,Cl^- \\ R^2 = 1\text{-adamantyl}}} R_{alkyl}\equiv\text{-}R_1$$

図 2.30　薗頭反応への展開

2.6.2　環化反応

分子内にイオン液体の骨格を構築し，触媒をこの分子内の一部として組み入れることにより，疑似イオン液体としての特徴を生かしたような環化反応が報告されている。この系で構築されているイミダゾリウム塩の構造は，フルオロリン酸を用いて構築されているため厳密な意味においてはイオン液体ではないという見解も一部の研究者ではいわれているが，広義の意味でのイオン液体と

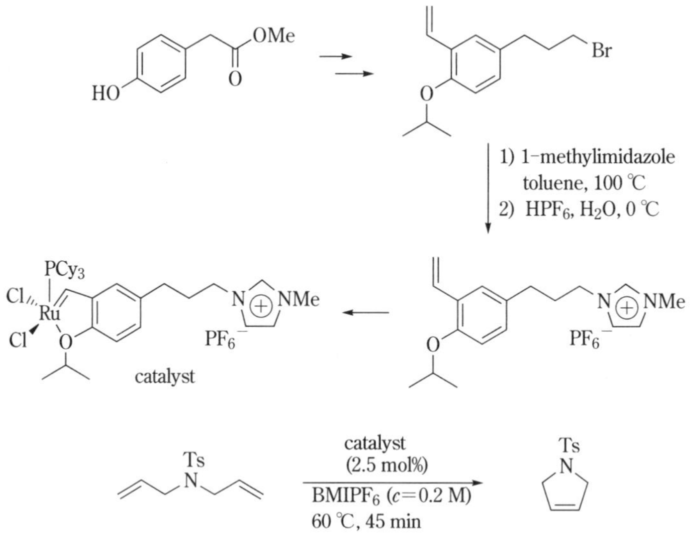

図 2.31　環化反応への展開

して取り扱ってもよいのではないだろうか。この系では，分子内に存在する官能基に金属錯体を形成させ，この部分に触媒機能を発現させ環化反応を推進させている。このように，分子内にプラスとマイナスの電荷を有する反応場によって反応基質が認識され，反応経路がはっきりと区別できれば優れた反応場が構築できるわけであるが，この系ではまだ単に反応が進行することのみが報告されている（図2.31）。

2.6.3　担体としてのイオン液体

荷電体としての反応場を担体として利用し，最終的には生成物から切り離すことにより再生させ再利用するという形式も知られている（図2.32）。

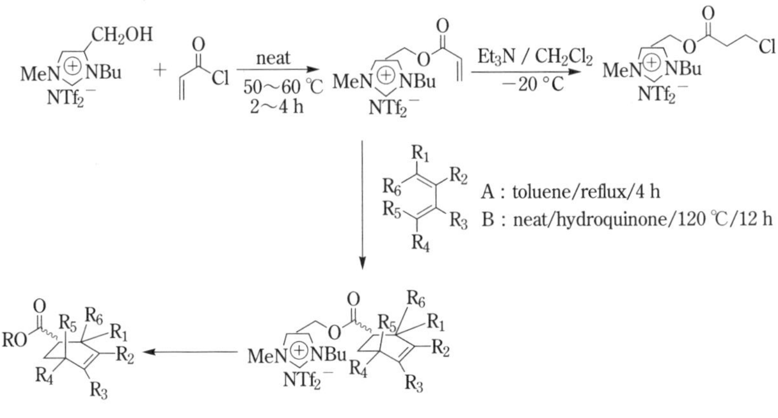

図2.32　機能型イオン液体によるフルクトース合成

この反応では，分子内にモノ塩を形成させ，[2+4]の Diels-Alder 型反応のモノ塩の基質として利用しているわけであり，反応後にはエステル結合を切断してイオン液体を再生させている。これまでにも，Diels-Alder 型反応の場としてイオン液体が使用されており基質の一部として用いられているところに新しさがある[4]。

3 溶剤としてのイオン液体

3.1 反応場としてのイオン液体

　化学反応はなんらかの反応媒体中で行う必要がある。反応媒体として気相も可能であるが，精密に分子を変換していこうとすると，合成反応は溶媒中で行う必要がある。合成反応の開発において，すぐれた触媒の設計と溶媒の組合せの選択が欠かせない。イオン液体は1章で述べたように，カチオン部とアニオン部の組合せにより無数に存在する。1950年代に N-アルキルピリジニウム塩がイオン液体として知られるようになったが，化学反応の反応媒体としてのイオン液体はイミダゾリウム塩の合成が報告されてから大きく進展した。

　イオン液体の特徴として掲げられる以下の項目は，化学反応の媒体としてたいへん魅力的といえよう。

① 蒸気圧がほとんどない（したがって大気中に拡散して汚染する心配がない）。
② 液体として存在する温度範囲が広く熱的に安定（さまざまな温度での反応が可能）である。
③ 無数の溶媒をデザインできる。
④ 各種の有機・無機物を選択的に溶解する。
⑤ 非プロトン性の極性溶媒である。
⑥ イミダゾリウム塩には特に重大な毒性が認められていない。

3.1 反応場としてのイオン液体

溶媒の極性は反応を組み立てる際にまず考慮すべき重要な要素である。ところでイオン液体の極性はどの程度であろうか。筆者らが研究を開始した時点ではまとまったデータが示されておらず,「塩」というイメージから水よりも高極性の液体ではないかと思っていた。

溶媒の極性を示す尺度として Reichardt 色素という化合物を溶解した際の吸収波長変化で溶媒の極性を見積もる方法が提唱されている。励起状態のレベルは変化しないが,極性の大きい溶媒中では溶媒和のために色素の基底状態が安定化するため,π-π* 遷移における励起状態と基底状態のエネルギー差が大きくなる。このため E_T^N の値が大きくなるという原理である。Kazlauskas らが測定した各種のイオン液体の E_T^N 値を並べてみた (図 3.1)。

E_T^N の値が小さい溶媒は極性が低く,大きくなるに従って極性が高い溶媒であると考えることができる。したがって,あくまでも Reichardt 色素という物差しを使った見方ではあるが,図中の 18 種類の溶媒では,トルエンが最も極性が低く,メタノールが最高の極性溶媒と見なすことができる。

ピリジニウム塩 (1~3) はエタノールよりわずかに E_T^N 値が低く,イミダゾリウム塩 (4~9) の E_T^N 値はほぼエタノール (EtOH) と同程度で,モノメチルホルムアミド (MMF) とメタノール (MeOH) よりわずかに小さい。しかし,そうはいっても非プロトン性極性溶媒であるアセトニトリル (CH_3CN) やジメチルスルホキシド (DMSO) に比べるとはるかに極性が高く, E_T^N 値はプロトン性溶媒の領域にある。溶媒の極性を見積もる方法はほかにもあり,Russell らは別な尺度でイオン液体の極性を見積もり,アセトニトリルより 100 倍程度極性が高いと述べている。いずれにしても,イオン液体は非プロトン性極性溶媒として比類のない高極性溶媒であるととらえて間違いないと思われる。

最近の研究で,イミダゾリウム塩の 2 位に存在する水素がプロトンとしてはずれて生じるイミダゾリウムカルベンが遷移金属の配位子として機能することがわかってきた。イオン液体を反応媒体とする合成反応が注目を浴びるようになってまだ日が浅いが,このようなイオン液体の特徴を踏まえて多くの反応が報告されるようになった。

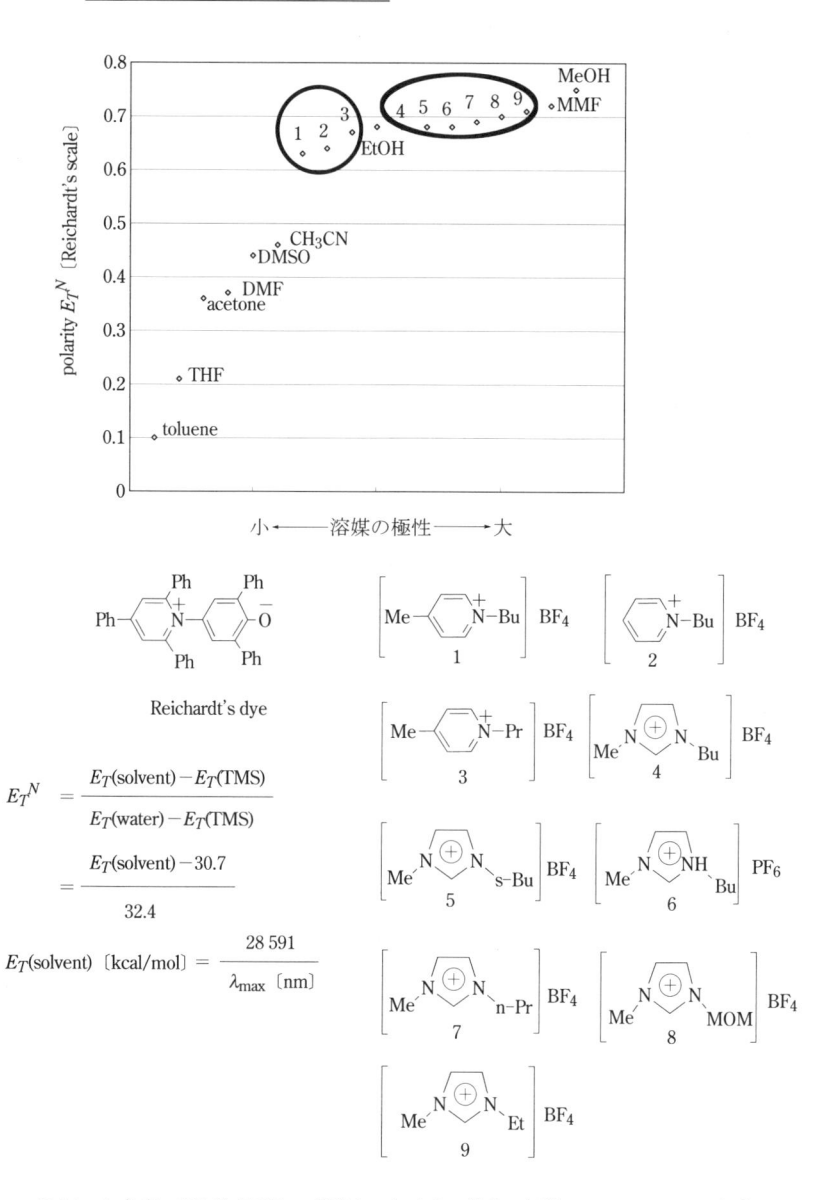

$$E_T^N = \frac{E_T(\text{solvent}) - E_T(\text{TMS})}{E_T(\text{water}) - E_T(\text{TMS})}$$

$$= \frac{E_T(\text{solvent}) - 30.7}{32.4}$$

$$E_T(\text{solvent})\,[\text{kcal/mol}] = \frac{28\,591}{\lambda_{\max}\,[\text{nm}]}$$

Reichardt色素の吸収波長変化で見積もったイオン液体の極性はエタノールと同程度

図3.1 さまざまな溶媒の極性

3.1.1 イオン液体と酸触媒が作る反応場

最初にイオン液体が反応媒体として注目されたのはルイス酸である塩化アルミニウムを溶解した反応系であろう。1-エチル-3-メチルイミダゾリウム（emim）ヨージド [emim][I] に塩化アルミニウムを溶解し，これと無水トルエンの混合溶媒中でフェロセンに無水酢酸を作用させると，アセチル化がほぼ定量的に進行する。同様に，[emim][I]-AlCl$_3$ を反応媒体としてトルエンのフリーデル-クラフツ反応が円滑に進行する（図 3.2）。

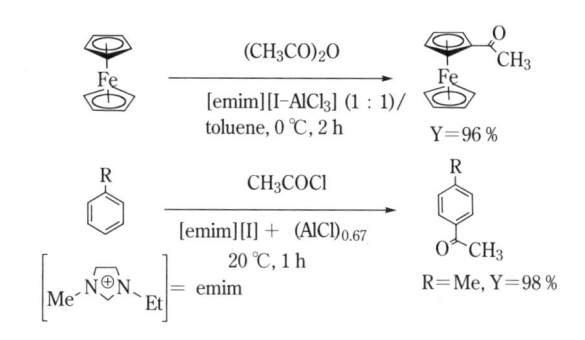

図 3.2 イオン液体を溶媒に用いるフリーデル-クラフツ反応：
イオン液体が反応溶媒として注目されたのはここから

ルイス酸-イオン液体のシステムはカルボン酸とアルコールのエステル化にも有効であり，昔ながらの硫酸触媒より収率がよいことが報告されている（図 3.3）。

図 3.3 カルボン酸のエステル化反応

イオン液体とルイス酸の組合せで，エポキシドに二酸化炭素を挿入し，ジオキソランを合成することもできる。特に四臭化亜鉛のビス（ブチルメチルイミダゾリウム）塩を溶媒に用いると非常に効率的（TOF(触媒回転数)=3 579）に

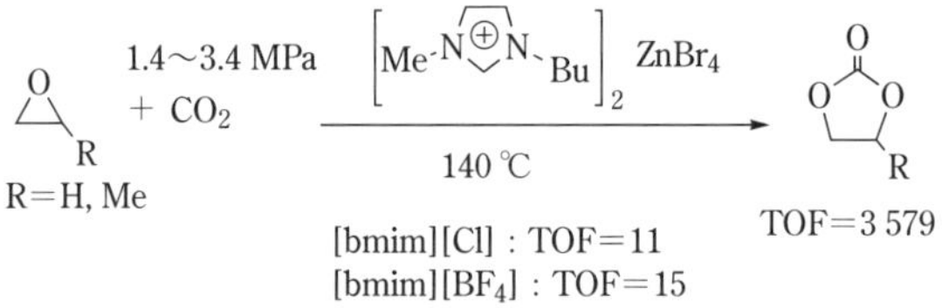

3. 溶剤としてのイオン液体

$$\text{エポキシド} + CO_2 \xrightarrow[140\ ℃]{1.4〜3.4\ \text{MPa} \quad [Me\text{-}N^{⊕}N\text{-}Bu]_2 ZnBr_4} \text{環状炭酸エステル}$$

R = H, Me

[bmim][Cl]：TOF=11
[bmim][BF$_4$]：TOF=15

TOF=3 579

図 3.4 イオン液体とルイス酸の組合せでエポキシドに二酸化炭素が挿入可能

二酸化炭素が挿入される（**図 3.4**）。

ルイス酸がイオン液体中に保持されるという特徴を生かすことでルイス酸の再利用も実現する。銅トリフラートを 1 mol%イオン液体 [bmim][PF$_6$]に加え，アルコールと無水酢酸を加えるとアセチル化が定量的に進行し，反応終了後はエーテルを加えるとエステルはすべてエーテル層に移る。ルイス酸はイオン液体中に残っているので，再度基質となるアルコールと無水酢酸を加えるとアセチル化が進行し，ルイス酸を再利用することができる。環境に優しい合成法といえよう（**図 3.5**）。

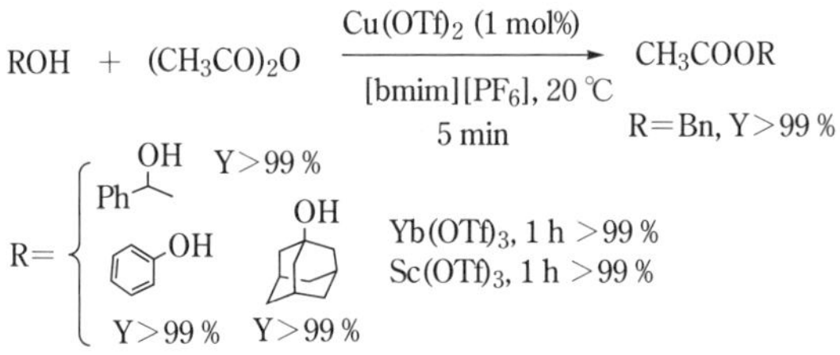

$$ROH + (CH_3CO)_2O \xrightarrow[\substack{[bmim][PF_6],\ 20\ ℃ \\ 5\ min}]{Cu(OTf)_2\ (1\ mol\%)} CH_3COOR$$

R=Bn, Y>99 %

R = { Ph-CH(OH)-CH$_3$ Y>99 %
       Ph-OH Y>99 %
       1-adamantanol Y>99 %
       Yb(OTf)$_3$, 1 h >99 %
       Sc(OTf)$_3$, 1 h >99 % }

図 3.5 イオン液体-ルイス酸によるエステル化

また，イオン液体の母体のイミダゾリウム骨格を化学修飾すれば溶媒そのものを酸触媒にすることもできる。Forbes らは，イミダゾリウム塩にアルキルスルホン酸を導入し，溶媒そのものが Brönsted 酸として機能する新しいイオン液体を合成し，カルボン酸とアルコールのエステル化を行っている。反応終了後エーテル抽出するだけで目的物のエステルが得られ，通常のエステル化で必要

な中和処理は不要である。また，イオン液体は再利用でき，5回目でも収率87％と十分な活性を維持することを示している。イオン液体が自在にデザインできるという特徴を生かした反応である（図3.6）。

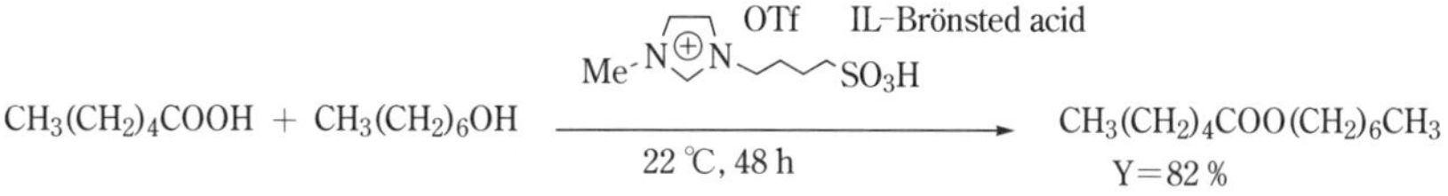

$$CH_3(CH_2)_4COOH + CH_3(CH_2)_6OH \xrightarrow[22\ ℃, 48\ h]{Me-N^{\oplus}N\diagup\diagup SO_3H\ \ OTf\ \ \ IL-Brönsted\ acid} CH_3(CH_2)_4COO(CH_2)_6CH_3$$
$$Y=82\ \%$$

図3.6 Brönsted酸イオン液体：イオン液体が溶媒兼触媒として機能し，5回反応を繰り返しても高収率

さらに，最近，[bmim][BF$_4$]を溶媒に用いてルイス酸塩化インジウム触媒のMannich反応が高ジアステレオ選択的に進行することが報告されている。この場合，対アニオンの影響が大きく，[BF$_4$]塩では収率よく目的物が得られるが，[bmim][Cl]ではまったく反応が進行しない（図3.7）。

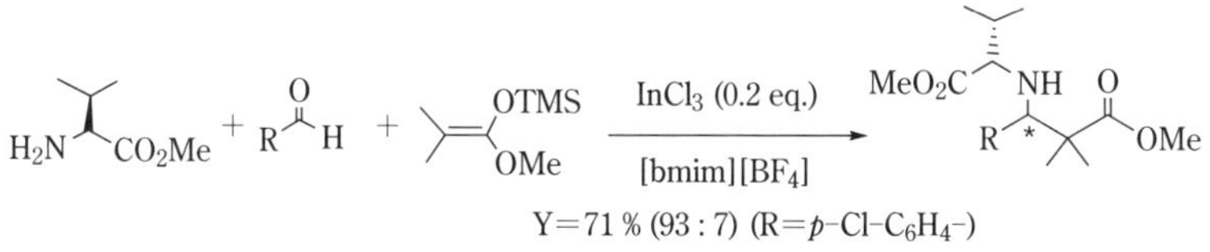

$$H_2N-\overset{}{\underset{CO_2Me}{C}} + R\overset{O}{\underset{H}{C}} + \overset{OTMS}{\underset{OMe}{C}} \xrightarrow[\text{[bmim][BF}_4\text{]}]{InCl_3\ (0.2\ eq.)} MeO_2C\overset{NH}{\underset{R^*}{C}}\overset{O}{\underset{OMe}{C}}$$
$$Y=71\ \%\ (93:7)\ (R=p\text{-}Cl\text{-}C_6H_4\text{-})$$

図3.7 イオン液体溶媒によるMannich反応

3.1.2 金属触媒とイオン液体が作る反応場

パラジウムなど遷移金属触媒を溶解する特性を利用した反応もイオン液体の機能をうまく利用でき，多くの研究が行われている。イオン液体を反応場とすることで触媒の再利用が実現することがポイントである。

イオン液体を反応媒体とする遷移金属触媒反応の始まりはHeck反応である。Herrmannらはパラジウム二核錯体(catalyst 1)を用いてスチレンとクロルベンゼンを作用させるとフェニル基が導入されることを示した（図3.8）。

このようなパラジウム二核錯体はDMFやアセトニトリルのような高い極性溶媒によく溶解するため，従来はDMFなどの溶媒がもっぱら用いられてきた。

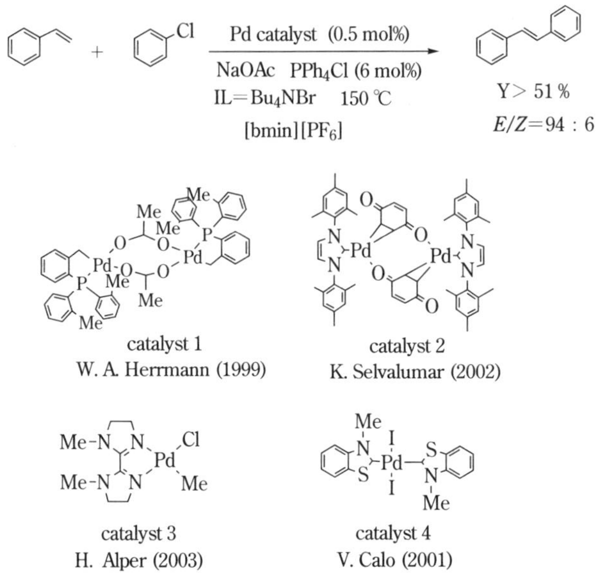

3. 溶剤としてのイオン液体

[反応式: スチレン + PhCl → スチルベン, Pd catalyst (0.5 mol%), NaOAc, PPh₄Cl (6 mol%), IL=Bu₄NBr, 150 ℃, [bmim][PF₆], Y>51%, E/Z=94:6]

catalyst 1
W. A. Herrmann (1999)

catalyst 2
K. Selvalumar (2002)

catalyst 3
H. Alper (2003)

catalyst 4
V. Calo (2001)

図 3.8　イオン液体溶媒による Heck 反応

しかし，DMF などを反応溶媒に用いると後処理が大変である。エバポレーターで濃縮しても簡単に DMF が除けない。水で洗浄して DMF を除こうとすると生成物も一緒に水相に移ってしまい収率激減という痛い目に合った経験を持つ人は多いであろう。一方，イオン液体中で反応を行った場合，後処理はエーテル抽出だけでよい。しかも，触媒がイオン液体中に溶解して残っているため，触媒のリサイクル使用が実現する。Heck 反応にイオン液体を反応媒体として活用するためさまざまな触媒が工夫され，カルベン型錯体 (catalyst 2, catalyst 3) やチアゾリン配位子錯体 (catalyst 4) がよい成績を収めている。

Seddon らは [bmim][PF₆] が水にもシクロヘキサンにも溶解せず，パラジウム触媒が [bmim][PF₆] 中によく保持される性質を使い，Heck 反応にイオン液体がきわめて有効なことを鮮やかに示している。Heck 反応には通常，塩基が必要であるが，彼らのシステムでは触媒の再利用はもちろん塩基も不要である（図3.9)。

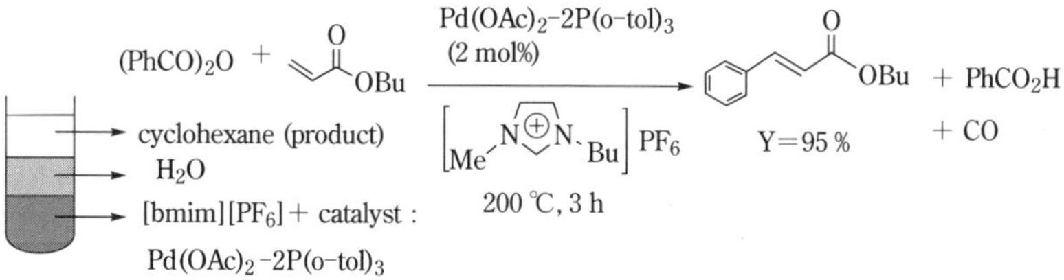

3.1 反応場としてのイオン液体

図3.9 イオン液体を用いた Heck 反応における触媒リサイクル実現

最近,萩原らはさらにシンプルな Pd/C という触媒で同様の Heck 型反応が実現することを報告している(図3.10)。

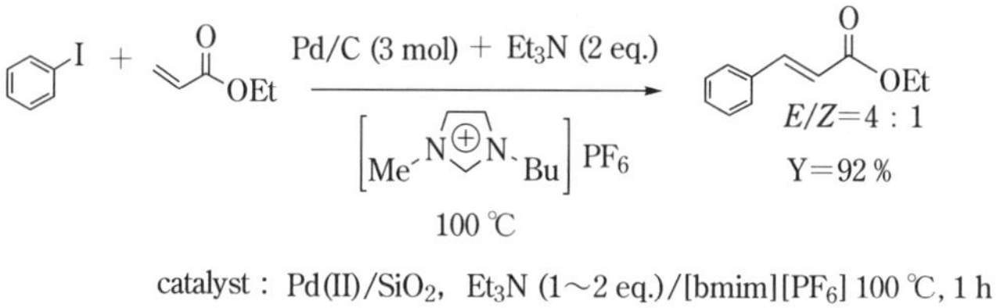

図3.10 イオン液体中による配位子フリーHeck 反応

おそらくイオン液体のイミダゾリウム塩から生じるイミダゾリウムカルベンが配位子となり,シリカゲルに担持した二価パラジウムが機能すると考えられている。しかも,触媒が固体でイオン液体 [bmim][PF_6] 中に残っているため,反応系が汚れてきたら水で洗浄すればよい。最近,横山らは二価パラジウムをシリカゲルに担持した触媒を調製し,これを使ってイオン液体溶媒による萩原と同様の Heck 反応を報告しているが,いずれも触媒の再利用と後処理の簡素化という点で従来の均一系触媒を凌駕している。

パラジウム触媒反応はイオン液体と相性がよく,このほかにもさまざまなパラジウム触媒反応がイオン液体で実現している。例えば大阪府立大学の柳らは,イオン液体を使うと銅塩がなくても,ヨウ化アリールとアセチレンとの薗頭反応が良好な収率で進むことを示している(図3.11)。

鈴木-宮浦カップリングにもイオン液体が有用である。Revell らはイミダゾリ

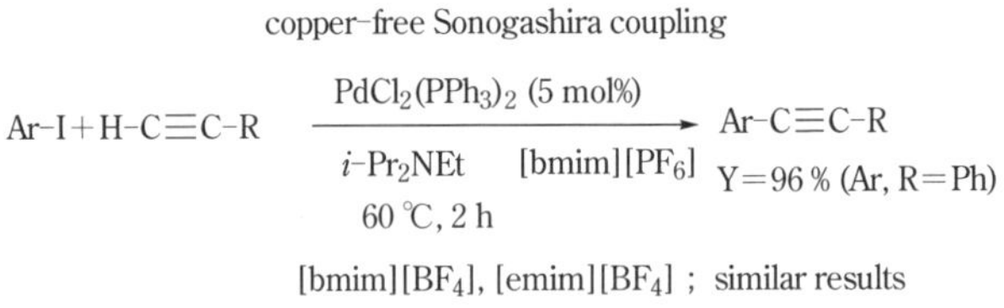
copper-free Sonogashira coupling
Ar-I + H-C≡C-R
PdCl2(PPh3)2 (5 mol%)
i-Pr2NEt　[bmim][PF6]
60 ℃, 2 h
Ar-C≡C-R
Y = 96 % (Ar, R = Ph)
[bmim][BF4], [emim][BF4]; similar results

図 3.11　イオン液体を使用する銅塩フリーの薗頭反応

ウム塩を媒体に使うと DMF よりも反応が加速され，固相反応でも効率がよいこと，さらに，イオン液体に基質となるヨウ化アリールを結合させたイオン液体サポート反応でビアリールが合成できることを報告している。反応終了後はアンモノリシスで切り出してイオン液体を再生することができ，副生物の除去が容易という特徴を持つ（**図 3.12**）。

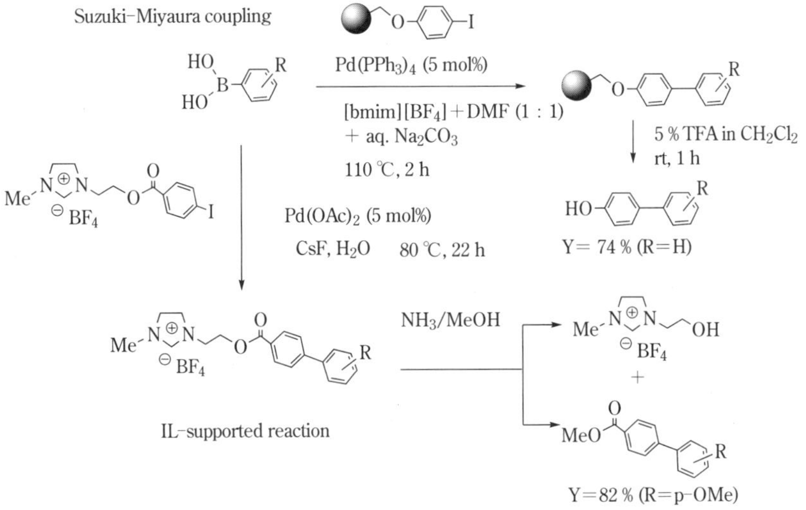
Suzuki-Miyaura coupling
Pd(PPh3)4 (5 mol%)
[bmim][BF4] + DMF (1 : 1)
+ aq. Na2CO3
110 ℃, 2 h
5 % TFA in CH2Cl2
rt, 1 h
Y = 74 % (R = H)
Pd(OAc)2 (5 mol%)
CsF, H2O　80 ℃, 22 h
NH3/MeOH
IL-supported reaction
Y = 82 % (R = p-OMe)

図 3.12　イオン液体溶媒による鈴木-宮浦カップリング反応

イオン液体 [bmim][PF_6] とエーテルとが混合せず，2 相になることを利用する反応もある。例えば，Pd(PPh_3)$_4$ を触媒に [bmim][PF_6] とエーテル 2 相系でアルキンへのヒドロスタニル化を行うと，生成物はもっぱらエーテル相に蓄積す

るが，触媒はイオン液体中に残る。したがって，反応の後処理はエーテル相を分離するだけであり，そのまま基質を加えることで触媒の再使用もできる（**図3.13**）。

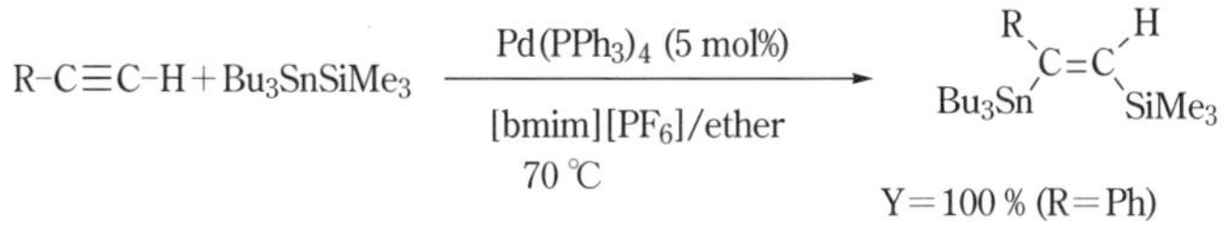
R–C≡C–H + Bu3SnSiMe3
Pd(PPh3)4 (5 mol%)
[bmim][PF6]/ether
70 ℃
R
H
C=C
Bu3Sn
SiMe3
Y=100 % (R=Ph)

図3.13 イオン液体溶媒によるヒドロスタニル化

イオン液体を利用して不斉触媒再使用システムも構築できる。袖岡らはキラルなBINAPを配位子としたパラジウム触媒でDASTをフッ素源として活性メチレン化合物へ不斉フッ素化ができることを示した。11回反応を繰り返しても収率82 %（91 % ee）で生成物が得られている。触媒リサイクルの決定版ともいうべき素晴らしい結果である（**図3.14**）。

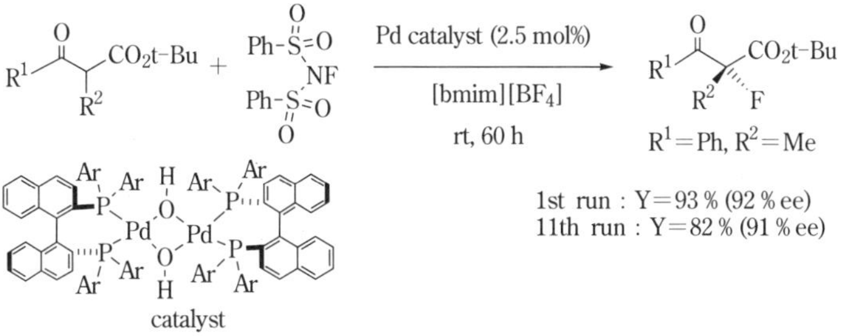
CO2t-Bu
R1
R2
Ph-S=O
NF
Ph-S=O
Pd catalyst (2.5 mol%)
[bmim][BF4]
rt, 60 h
F
R1=Ph, R2=Me
1st run : Y=93 % (92 % ee)
11th run : Y=82 % (91 % ee)
Ar
Pd
catalyst

図3.14 パラジウム触媒不斉フッ素化：不斉収率，リサイクル効率ともに素晴らしい

触媒の再利用という観点に着目し，さまざまな遷移金属触媒がイオン液体を反応媒体として実現している。反応例をいくつか紹介しよう。

イオン液体を反応媒体に使う銅塩触媒Rosenmund-von Brown反応やUllman反応が報告されている。いずれの場合も触媒の再利用ができるのはいうまでもない（**図3.15**）。

ロジウム触媒によるヒドロホルミル化もイオン液体がよい溶媒となる。位置

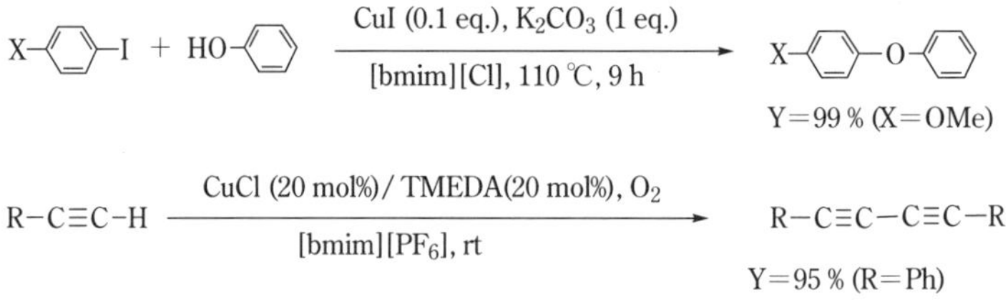

$$X-\underset{}{\bigcirc}-I + HO-\bigcirc \xrightarrow[\text{[bmim][Cl], 110 °C, 9 h}]{\text{CuI (0.1 eq.), K}_2\text{CO}_3 \text{ (1 eq.)}} X-\bigcirc-O-\bigcirc$$
Y = 99 % (X = OMe)

$$R-C\equiv C-H \xrightarrow[\text{[bmim][PF}_6\text{], rt}]{\text{CuCl (20 mol\%)/ TMEDA(20 mol\%), O}_2} R-C\equiv C-C\equiv C-R$$
Y = 95 % (R = Ph)

図 3.15 イオン液体による Ullman 反応の効率化

選択性がシクロヘキサン溶媒の場合に比べて大きく向上したという例もある。ただし，イオン液体の選択が重要であり，特に高温が必要な反応では[PF_6]塩は使わない方が無難である（図 3.16）。

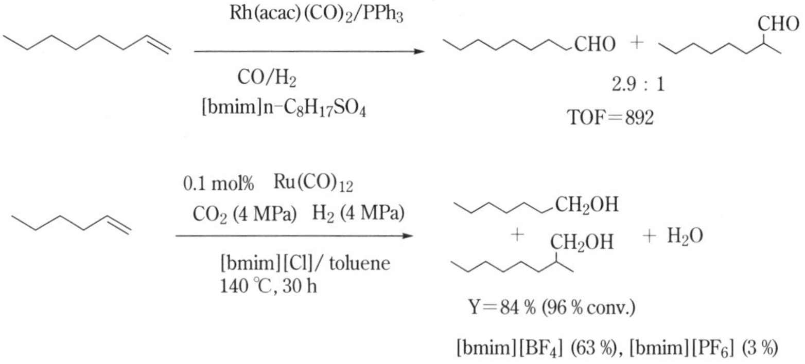

反応1: 1-オクテン → Rh(acac)(CO)$_2$/PPh$_3$, CO/H$_2$, [bmim]n-C$_8$H$_{17}$SO$_4$ → 直鎖CHO + 分岐CHO
2.9 : 1, TOF = 892

反応2: 1-ヘキセン → 0.1 mol% Ru(CO)$_{12}$, CO$_2$ (4 MPa) H$_2$ (4 MPa), [bmim][Cl]/ toluene, 140 °C, 30 h → CH$_2$OH 生成物 + CH$_2$OH 分岐体 + H$_2$O
Y = 84 % (96 % conv.)
[bmim][BF$_4$] (63 %), [bmim][PF$_6$] (3 %)

図 3.16 イオン液体中のヒドロホルミル化反応

ロジウム触媒反応では，活性メチレン化合物をオレフィンに付加させることもできる。この場合も [emim][NTf$_2$]がよい溶媒になる（図 3.17）。

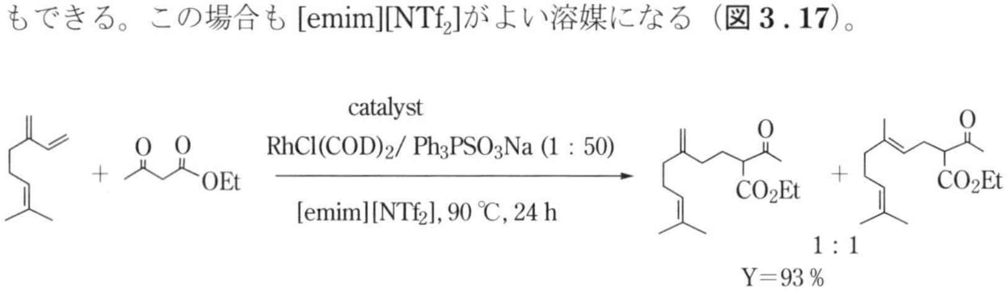

ミルセン + CH$_3$COCH$_2$CO$_2$Et → catalyst RhCl(COD)$_2$/ Ph$_3$PSO$_3$Na (1 : 50), [emim][NTf$_2$], 90 °C, 24 h → 付加体 1 + 付加体 2
1 : 1, Y = 93 %

図 3.17 ロジウム触媒による活性メチレン化合物のオレフィンへの付加反応

イオン液体中でロジウム触媒の安定性が増すということも報告されている。シリカゲル担持したロジウム錯体を用いる 1-ヘキセンへの水素添加反応では 18 回触媒をリサイクルしてもまったく反応性が低下していない（**図 3.18**）。

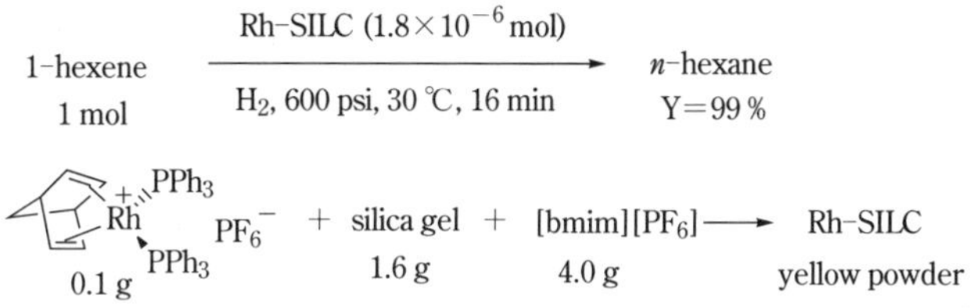

$$\text{1-hexene} \quad \xrightarrow[\text{H}_2, 600\,\text{psi}, 30\,℃, 16\,\text{min}]{\text{Rh-SILC} (1.8\times 10^{-6}\,\text{mol})} \quad n\text{-hexane}$$
1 mol, Y = 99 %

Rh(PPh$_3$)$_2$ PF$_6^-$ 0.1 g + silica gel 1.6 g + [bmim][PF$_6$] 4.0 g ⟶ Rh-SILC yellow powder

図 3.18 イオン液体溶媒によるロジウム触媒水素添加反応

イリジウム触媒によるアルケンへの水素添加反応でもイミダゾリウム塩イオン液体が触媒の安定化に寄与していることが示唆され，イミダゾリウム塩がカルベン型の配位子として機能しているのではないかと考えられている。

Grubbs 触媒によるオレフィンメタセシス反応もイオン液体中で円滑に進行する。この場合も，反応後，エーテル抽出で生成物を取り出し，そのまま基質を加えて 5 回の触媒再利用が実現している（**図 3.19**）。

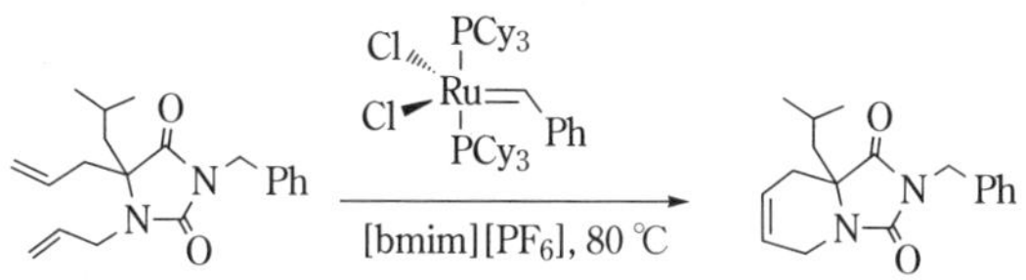

図 3.19 イオン液体溶媒中のオレフィンメタセシス反応

ところで，このような触媒反応の場合，注意しないといけないのはイオン液体の純度である。なにしろ，溶媒であるから微量の不純物が触媒にとっては重大な影響を与えうることは明白である。現在市販のイオン液体は相当きれいになったと思われるが，初期はかなりひどい状態のものが市販されていた。筆者らが研究を開始した際にはまだ市販されておらず，すべて合成したが，精製法の問題で再現性に欠けるデータが得られて苦しんだ経験を持つ。特に 3.2.2

項で紹介する酵素反応ではイオン液体の精製が重要であった。筆者らの合成方法を 75 ページのコラムに紹介しておこう。イミダゾリウム塩の場合，大抵はエーテルやヘキサンには不溶であるので，ヘキサンで洗浄を行うことで収率が上がることがある。特に中性アルミナ処理は効果があることがあるので，再現性に不安があった場合は，ぜひ有機溶媒洗浄とアルミナ処理を試してもらいたい。

イオン液体を溶媒に利用し，触媒が再利用できる例をほかにも示そう。

Song らはキラルなサレン-クロム錯体を触媒に用いてエポキシドをトリメチルシリルアジドで開環し，アジドを不斉で導入している。ここでも反応終了後にヘキサンを加えてデカントするだけで生成物を取り出すことができ，イオン液体中に残った触媒はもちろん再使用できる。5 回再使用しても 90 % を超える不斉収率が得られている（図 3 . 20）。

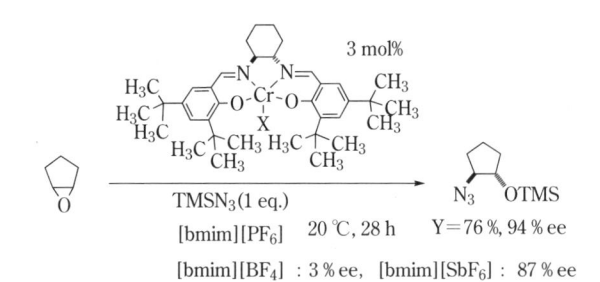

$$\text{エポキシド} \xrightarrow[\text{[bmim][PF}_6\text{]} \quad 20\,°\text{C, 28 h}]{\text{TMSN}_3(1\text{ eq.}),\ \text{サレン-Cr錯体 3 mol\%}} \text{N}_3\text{-シクロペンチル-OTMS}\ \ Y=76\%,\ 94\%\,ee$$

[bmim][BF$_4$] : 3 % ee, [bmim][SbF$_6$] : 87 % ee

図 3 . 20　サレン-クロム錯体によるエポキシドの不斉開環アジド化

Baleizao らはバナジウムサレン錯体で [bmim][PF$_6$] を溶媒に用いて不斉のシアノヒドリン化も実現し，5 回触媒を再利用してもほぼ 90 % ee の不斉収率が得られている。また，同じ著者らはイオン液体のイミダゾリウム骨格に触媒を導入したイオン液体サポート触媒も合成し，この触媒 VOSalen@IL は 6 回使用しても化学収率，不斉収率ともに変化しない（図 3 . 21）。

遷移金属による酸化反応にもイオン液体が有効である。ポルフィリンマンガン錯体によるスチレンのエポキシ化が [bmim][PF$_6$]-ジクロロメタン混合溶媒で進行し，酸化剤になるヨード酢酸を加えるだけで触媒の再利用が実現している（図 3 . 22）。

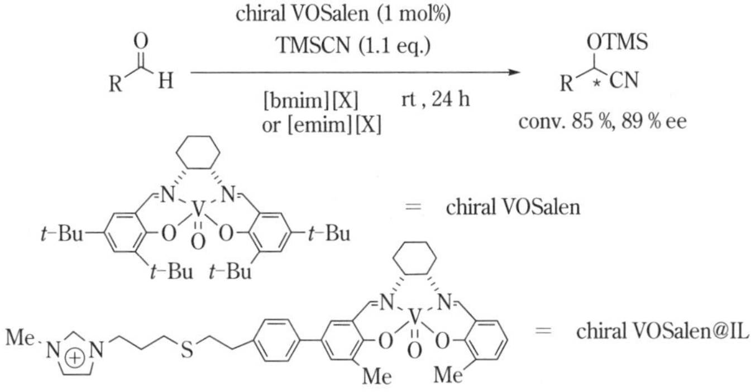

図 3.21 キラルなサレン-バナジウム錯体による不斉シアノヒドリン合成

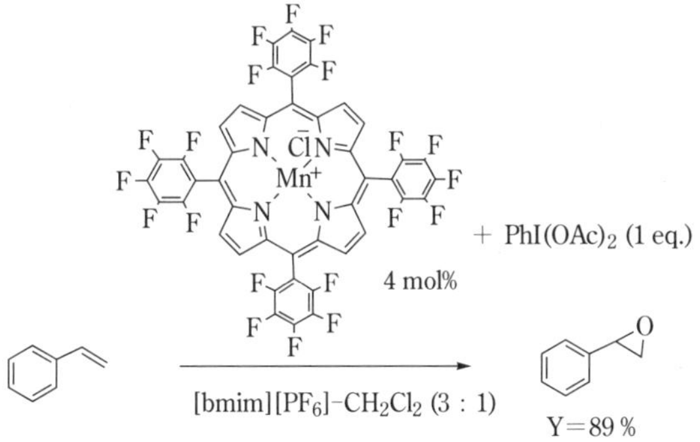

図 3.22 ポルフィリン-マンガン錯体によるスチレンのエポキシ化

　酸化レニウムによる Baeyer–Villiger 反応もある．この場合も，触媒がイオン液体相に残るため 6 回の触媒再使用が実現している．50 % 過酸化水素水溶液が必要という問題点はあるが，イオン液体が丈夫なことを示している例であると思われる（**図 3.23**）．

　イオン液体に特定の化合物がよく溶けるという性質を生かせば，つぎのような例もある．すなわち，セレン酸カリウムを触媒に用いてアミンと一酸化炭素と酸素を原料にウレタンが合成されているが，生成物中に毒性の強いセレンが数十 ppm 残存してしまうという問題があった．そこで，イミダゾリウム塩の対アニオンにセレン酸イオンを使った新しいイオン液体を合成し，これを反応媒

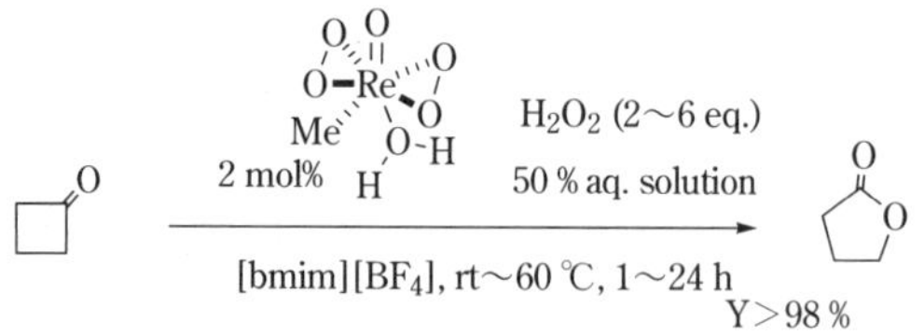

$$\text{cyclobutanone} \xrightarrow[\text{[bmim][BF}_4\text{], rt}\sim 60\,^\circ\text{C, 1}\sim 24\,\text{h}]{\underset{2\,\text{mol\%}}{\text{Me-Re(=O)}_3\cdot\text{H}_2\text{O, H}_2\text{O}_2\,(2\sim 6\,\text{eq.}),\,50\%\,\text{aq. solution}}} \text{γ-butyrolactone}\quad Y>98\%$$

図 3.23 イオン液体溶媒による Baeyer–Villiger 酸化反応

体と触媒兼用で用いた場合，反応もうまくいき，生成したウレタン中へのセレンの残存量を 2.5 ppm に激減させることができた（**図 3.24**）。

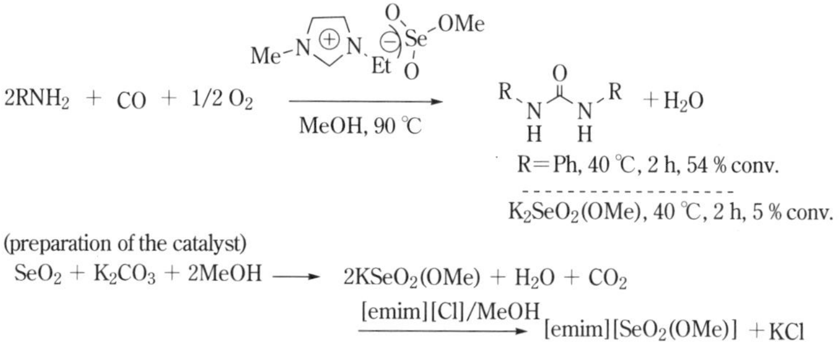

$$2\text{RNH}_2 + \text{CO} + 1/2\,\text{O}_2 \xrightarrow[\text{MeOH, 90}\,^\circ\text{C}]{[\text{emim}][\text{SeO}_2(\text{OMe})]} \text{RNHC(O)NHR} + \text{H}_2\text{O}$$

R = Ph, 40 ℃, 2 h, 54 % conv.
K$_2$SeO$_2$(OMe), 40 ℃, 2 h, 5 % conv.

(preparation of the catalyst)
$$\text{SeO}_2 + \text{K}_2\text{CO}_3 + 2\text{MeOH} \longrightarrow 2\text{KSeO}_2(\text{OMe}) + \text{H}_2\text{O} + \text{CO}_2$$
$$\xrightarrow{[\text{emim}][\text{Cl}]/\text{MeOH}} [\text{emim}][\text{SeO}_2(\text{OMe})] + \text{KCl}$$

図 3.24 セレン酸イオンを対アニオンとするイオン液体によるウレタン合成

筆者らはイオン液体を反応媒体に用いて鉄塩触媒による 1 電子酸化を契機にする電子移動型のスチレンとベンゾキノンとの [2+3] 型環化反応が飛躍的に加速されることを明らかにしている。アセトニトリル中ではアルミナ担持三価鉄塩 (Fe(ClO$_4$)$_3$/Al$_2$O$_3$) しか触媒作用を示さないが，イオン液体中では二価鉄塩も触媒になり，アセトニトリル中で 2 時間以上かかる反応が 10 分以内に完結する。もちろん，この場合も触媒が再利用できる。同じ反応が Ti(IV) 塩ルイス酸触媒で起こることが報告されていたが，基質に対して等量以上のルイス酸触媒が必要であった。筆者らの反応では 1 電子酸化から始まる電子移動型の触媒反応であり，鉄塩はわずか 3 mol% でよい。電子移動型触媒反応にイオン液体を使った最初の例であり，劇的な反応加速が実現し，イオン液体を使う意義を示していると思われる。電子移動型の触媒反応ではカチオンラジカルやアニオ

ンラジカルが中間に生じると予想されるが，非プロトン性で比類のない極性を示すイオン液体はふさわしい溶媒と考えられ，さらに進展が期待される反応分野と思われる（図 3.25）。

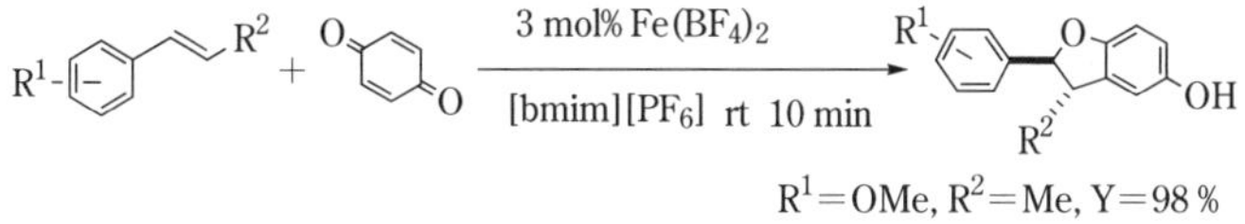

$$R^1\text{-}\!\!\!\diagdown\!\!\diagup\!\!R^2 + O\!\!=\!\!\bigcirc\!\!=\!\!O \xrightarrow[\text{[bmim][PF}_6]\ \text{rt 10 min}]{3\ \text{mol}\%\ \text{Fe(BF}_4)_2} R^1\text{-}\!\!\bigcirc\!\!\underset{R^2}{\overset{O}{\diagdown}}\!\!\bigcirc\!\!\text{-OH}$$

$R^1 = \text{OMe}, R^2 = \text{Me}, Y = 98\%$

iron salt catalyzed cycloaddition

entry	catalyst	solvent	time	yield [%]
1	$Fe(ClO_4)_3/Al_2O_3$	CH_3CN	2 h	96
2	$Fe(ClO_4)_3/Al_2O_3$	[bmim][PF$_6$]	10 min	90
3	$FeCl_3$	[bmim][PF$_6$]	10 min	91
4	$FeCl_2$	[bmim][PF$_6$]	4 h	94
5	$Fe(BF_4)_2 \cdot 6\,H_2O$	[bmim][PF$_6$]	10 min	98
6	$Fe(BF_4)_2 \cdot 6\,H_2O$	[bmim][BF$_4$]	3 h	68
7	$Fe(BF_4)_2 \cdot 6\,H_2O$	[bmim][OTf]	24 h	0

図 3.25 鉄塩触媒 [2＋3] 型環化反応のイオン液体溶媒による反応加速

このように，遷移金属触媒反応にイオン液体はたいへん相性がよい。触媒の再利用が容易になり，反応の後処理が簡素化できること，イミダゾリウム塩を使う場合は溶媒から生じるイミダゾリウムカルベンが配位子として作用し，ホスフィン配位子が不要になる場合があるなど，イオン液体の特徴を生かした反応構築が可能であり，これからもさらに多くの例が報告されてくるのではないかと思われる。

砂糖からできるイオン液体

筆者がイオン液体反応の仕事を講演した際に，つぎのような質問を受けたことがある。「イオン液体といってももとは石油から合成しているのではないか」，「難燃性ということは反応後にイオン液体を捨てるのに困るのではないか」。後者については，簡単につぎのように答えている。「この

研究を始めて5年になるが一度も捨てていない，いつも再生処理をして再利用している」．

　もちろん，有機物であるから難燃性ではあるが焼却処分も可能であり，原子力発電で出てくる放射性廃棄物とは次元が違う．学生がこぼしたり，反応処理でどうしても目減りをしていくのであるが，イミダゾリウム塩はずいぶんと丈夫であり再生して何回も利用できる．

　前者については，最近，うまく答えることができる報告が出た．Handyらはフラクトースからイミダゾリウム塩を合成し，イオン液体として利用できることを示している．フラクトースからイミダゾールを合成する方法はすでに報告されていたのであるが，彼らはこの方法を活用してイオン液体につなげたわけである．「砂糖からできるイオン液体」というのが売り文句になる．原料化合物に由来するヒドロキシメチル基がイミダゾリウム環に導入されてしまい，その位置が決まらないという点はさておき，イオン液体として十分機能し，この溶媒を用いて Heck 反応も可能である．最近は石油にアレルギーを示す人も多い．イオン液体が green 溶媒ということを宣伝する場合には，この売り文句は意外に効き目がありそうな気がしている（図 3．26）．

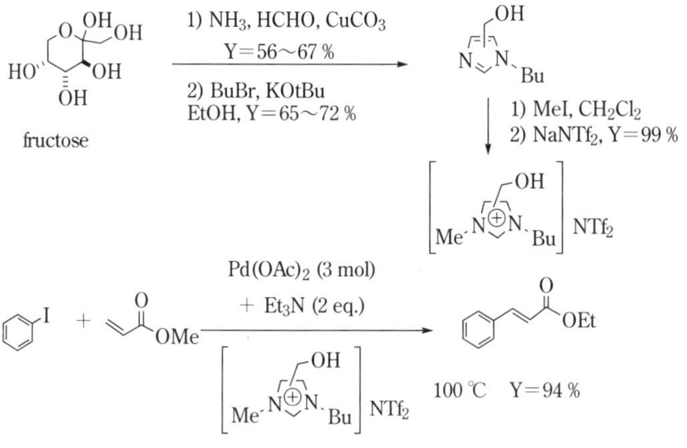

図 3．26　砂糖から合成できるイオン液体

3.1.3 イオン液体と塩基からできる反応場

イオン液体を反応媒体に利用する研究は酸触媒反応から始まり，遷移金属触媒反応で有効性が広く認識されるに至った。Grignard 反応とアルキルリチウムの反応のように強塩基の反応はまだ報告例がないが，比較的穏和な塩基による反応においてはイオン液体を利用することもできる。

筆者らはイオン液体を用いて Hörner–Wadsworth–Emmons 反応を最初に報告している。この反応ではジアザビシクロウンデセン(DBU)から誘導された新しいイオン液体が利用され，用いる塩基の種類で生成物の E/Z 選択性が逆転するという興味深い結果が得られている（**図 3.27**）。

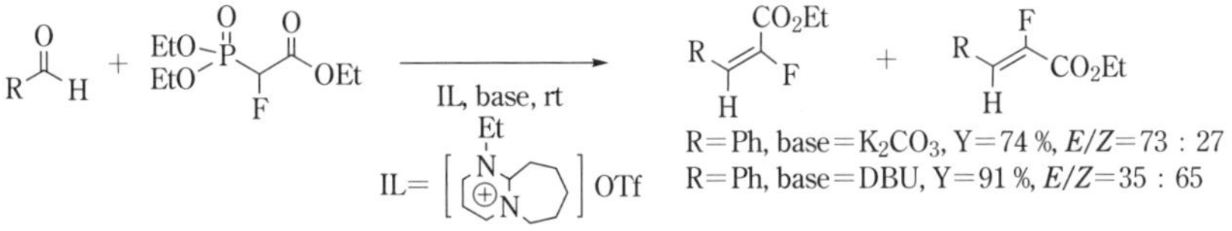
EtO
EtO
P
O
O
OEt
F
R
H
IL, base, rt
Et
N
N
IL=
OTf
CO_2Et
F
H
R=Ph, base=K_2CO_3, Y=74 %, E/Z=73 : 27
R=Ph, base=DBU, Y=91 %, E/Z=35 : 65

図 3.27 イオン液体溶媒による Hörner–Wadsworth–Emmons 反応

イオン液体を使って，もちろん Wittig 反応も可能である。反応後に生じたホスフィンオキシドはイオン液体中に残り，トルエンで抽出することで容易に除くことができるため反応処理が簡素化できるのが特徴である（**図 3.28**）。

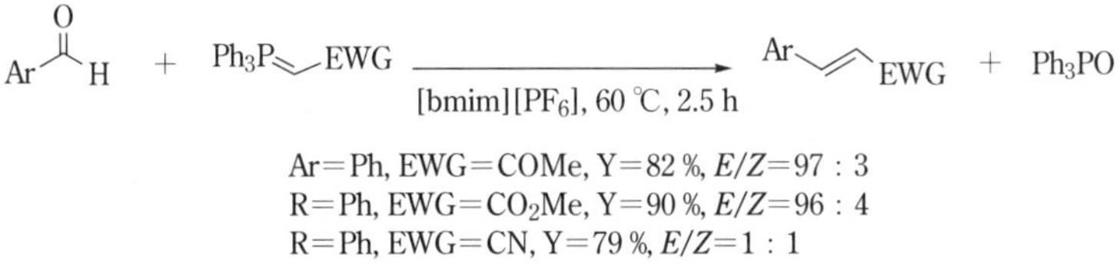
O
Ar
H
Ph_3P
EWG
[bmim][PF_6], 60 ℃, 2.5 h
Ar
EWG
Ph_3PO
Ar=Ph, EWG=COMe, Y=82 %, E/Z=97 : 3
R=Ph, EWG=CO_2Me, Y=90 %, E/Z=96 : 4
R=Ph, EWG=CN, Y=79 %, E/Z=1 : 1

図 3.28 イオン液体溶媒を用いる Wittig 反応

塩基触媒による Knoevenagel 反応も報告されている。塩基は触媒量で済むのが特徴である。これは，イミダゾリウム塩から塩基の作用でカルベンが生じ，これが塩基として作用することで塩基が触媒量で済むのではないかと推測される。従来のジクロロメタンなどの有機溶媒より収率もよく，この場合もエーテ

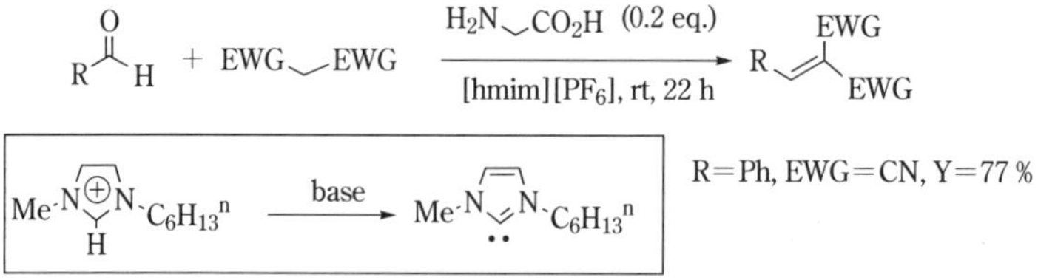

図 3.29 触媒量の塩基で実現するイオン液体溶媒中の Knoevenagel 反応

ル抽出だけで容易に生成物を単離することができる（**図 3.29**）。

Baylis–Hillman 反応もイオン液体を溶媒に行われている。塩基は触媒量でよく，極性の高いイオン液体中でエノール化しやすいことがポイントであろう（**図 3.30**）。

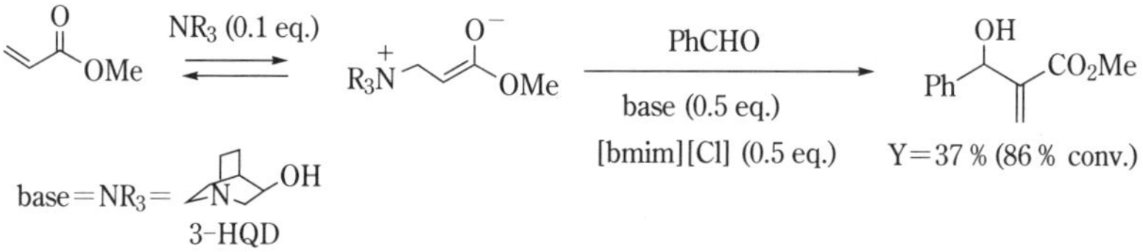

図 3.30 イオン液体溶媒中の Baylis–Hillman 反応

塩基触媒のアルドール反応でもイオン液体による反応処理の簡素化が実現している。エーテルを加えるだけで反応処理が完了し，イオン液体はエーテル抽出して生成物を除いた後に 80℃ で減圧するだけで再利用が可能となる。

L-プロリンを触媒に用いる不斉 Mannich 反応もイオン液体を活用して効率化できる。この反応においてもエーテル抽出して生成物を取り出した後，L-プロリンはイオン液体中に残っているので 4 回使用しても収率，不斉収率ともに変化しない。また，系内でイミンを調製してそのまま反応させることもできる（**図 3.31**）。

イミダゾリウム塩と塩基から生じるカルベンを活用してリビングポリマリゼーションも行われている。THF と [emim][BF$_4$] からなる 2 相系の反応であるが，イオン液体 [bmim][BF$_4$] と t-ブトキシカリウムからカルベンが生じ，これが乳酸ダイマーと反応して開環し，これにアルコールが入ってエステルが生成する。

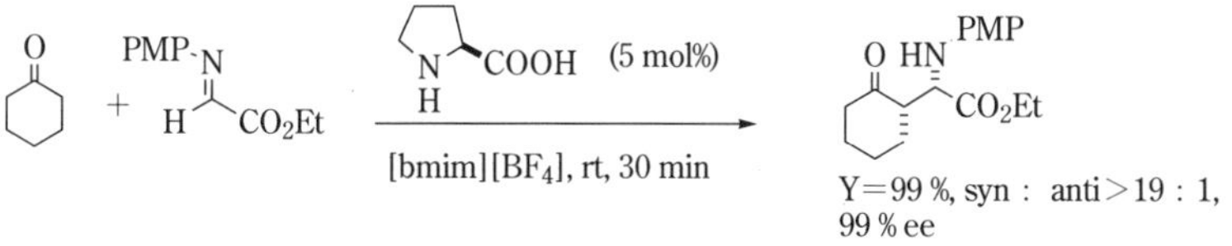

図 3.31 プロリン触媒不斉 Mannich 反応

この末端の水酸基が反応することでポリマー化が起こる。10分で反応が終わるという速い反応であり，反応停止にはアルキルアンモニウム BF_4 を加えることでカルベンを消してしまう。なかなか工夫された反応であり，イミダゾリウム塩イオン液体の機能をうまく活用している（**図 3.32**）。

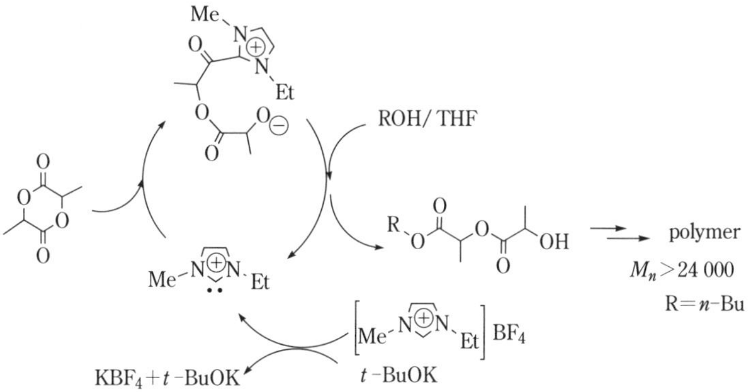

図 3.32 イオン液体を活用するリビングポリマー化反応

3.1.4 イオン液体からできるさまざまな反応場

イオン液体の特徴の一つはその高い極性にあり，イオン液体の機能を生かしたさまざまな反応が報告されるようになった。酸とイオン液体，塩基とイオン液体，遷移金属触媒とイオン液体というシステムを述べてきたが，つぎは，もっと広くイオン液体の機能を生かした反応場の例を紹介しよう。

〔1〕 イオン液体の極性を生かした反応

特徴ある極性の反応場としてイオン液体を眺めると 1,3-双極子付加反応や Diels-Alder 反応にイオン液体を使った場合の反応性が興味深い。

Diels-Alder 反応ではより極性の高い反応場ではエンド体の生成が有利になるという説があるが，シクロブタジエンとアクリル酸メチルの Diels-Alder 反応で [emim][BF_4] を溶媒に用いると，実際にエンド体が主生成物になる（**図 3 . 33**）。

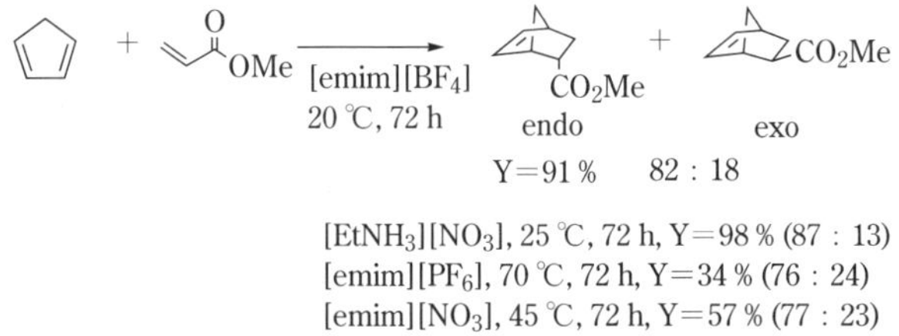
O
OMe
[emim][BF4]
20 ℃, 72 h
CO2Me
endo
CO2Me
exo
Y＝91 %　82 : 18
[EtNH3][NO3], 25 ℃, 72 h, Y＝98 % (87 : 13)
[emim][PF6], 70 ℃, 72 h, Y＝34 % (76 : 24)
[emim][NO3], 45 ℃, 72 h, Y＝57 % (77 : 23)

図 3 . 33　イオン液体溶媒による Diels-Alder 反応

さきに示した砂糖から作ったイオン液体を Diels-Alder 反応に利用した例もある。この場合，イミダゾリウム環にヒドロキシメチル基が残っていることをうまく活用し，ここにアクリル酸をエステル結合で付けて，いわばイオン液体サポートの基質として Diels-Alder 反応を実行した。このため切り出した生成物はエンド体のみとなる（**図 3 . 34**）。

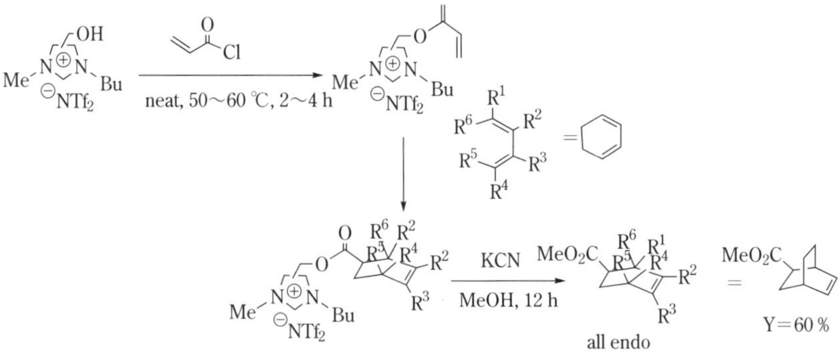
OH
Me
Bu
NTf2
O
Cl
neat, 50～60 ℃, 2～4 h
O
R1
R2
R3
R4
R5
R6
KCN
MeOH, 12 h
MeO2C
all endo
Y＝60 %

図 3 . 34　砂糖から作ったイオン液体の機能を使う Diels-Alder 反応

さらに，ルイス酸スカンジウムトリフラート（Sc(OTf)）を積極的に[bmim][PF$_6$]溶媒に加えると室温2時間の反応で収率99％と非常に効率的なDiels-Alder反応が起こることが報告されている（図3.35）。

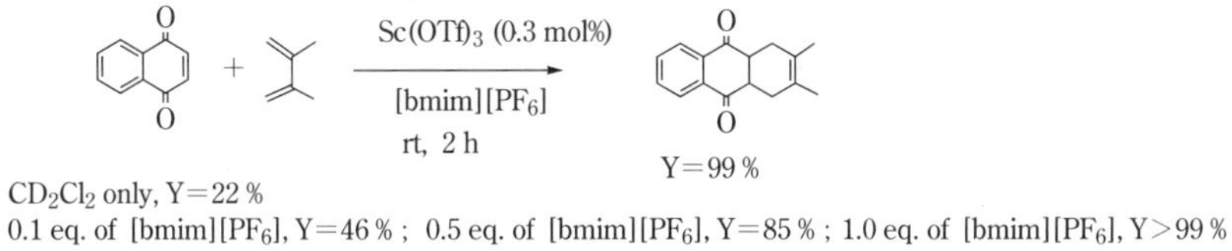

CD$_2$Cl$_2$ only, Y＝22％
0.1 eq. of [bmim][PF$_6$], Y＝46％; 0.5 eq. of [bmim][PF$_6$], Y＝85％; 1.0 eq. of [bmim][PF$_6$], Y＞99％

図3.35 ルイス酸触媒存在とイオン液体反応溶媒によるDiels-Alder反応

1,3-双極子付加反応もイオン液体を溶媒に進行する。イオン液体を使うと反応加速が起こり，無溶媒では15時間要した反応が，[emim][BF$_4$]中で1M濃度で反応を行うと6時間で終了している。また，さまざまなダイポーラフィルによる環化付加反応が良好な収率で進行することが報告されている（図3.36）。

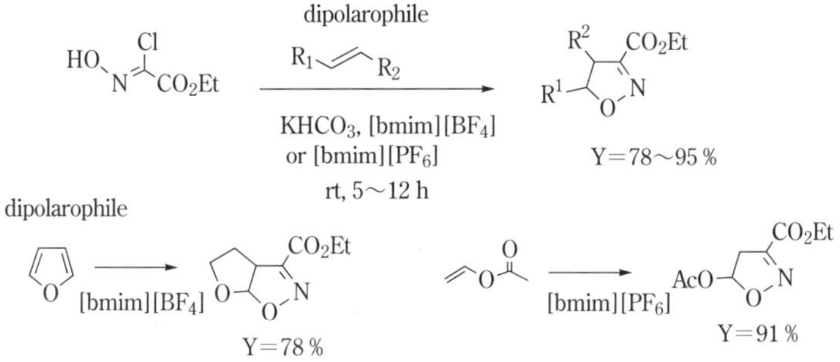

図3.36 イオン液体溶媒中の1,3-双極子付加反応

Rodriquezらは徹底的にイオン液体を使った1,3-双極子付加反応を報告している。アクリル酸クロリドを炭酸水素カリウム存在下，[bmim][BF$_4$]溶媒中Schotten-Baumann反応でイソブチルアミンと反応させてアミドに変換し，ついでクロルイナミンと反応させると1,3-双極子環化付加反応が起こる。残っているエステル基はWeinreb法で，これまたトルエン-[bmim][BF$_4$]混合溶媒中でベ

ンジルアミドに変換すると違ったアミド基を持つオキサゾリンが合成できる（図3.37）。

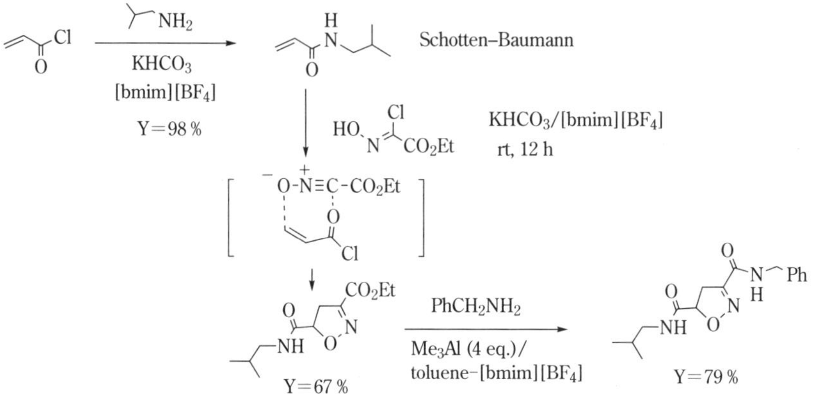

図3.37 イオン液体溶媒の特徴を生かした1,3-双極子付加反応

イオン液体を使う不斉相間移動触媒反応の報告もある。アルカロイドから誘導した不斉相間移動触媒と四級アンモニウム塩フッ素化剤でキラルな四級アンモニウム塩相間移動触媒を系内で発生させ，[bmim][PF_6]中でシリルエノールエーテルと反応させて不斉フッ素化が実現した。触媒は当然イオン液体中に残っているため，再びフッ素化剤で処理したのち再利用が可能である（図3.38）。

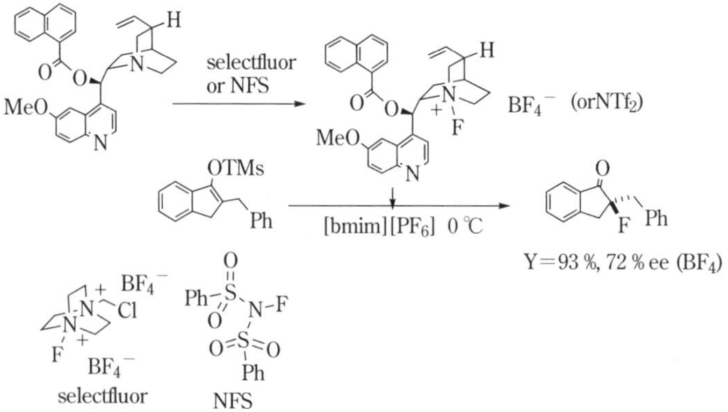

図3.38 キラルな相間移動触媒による不斉フッ素化反応

さらに，同様の不斉相間触媒を使った不斉マイケル付加反応では，[bmim][PF$_6$]を溶媒に用いるとDMSO中と立体選択性が逆転するというおもしろい結果も報告されている（図3.39）。

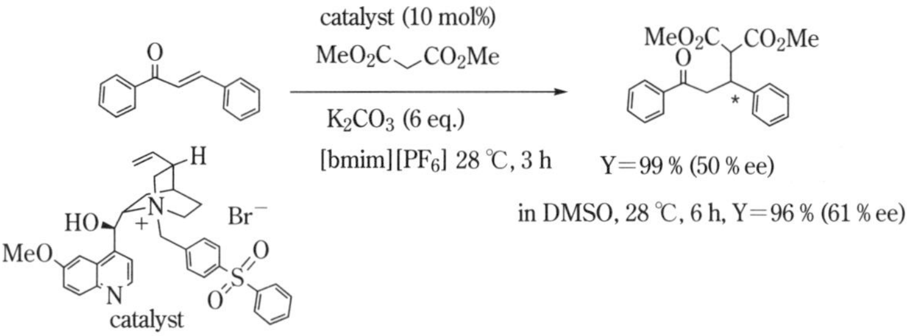

イオン液体とDMSOでは生成物の立体配置が逆転
図3.39 キラルな相間移動触媒による不斉1,4-付加反応

〔2〕 **イオン液体の特徴的な溶解特性を生かした反応**

イオン液体が特定の化合物をよく溶解することに着目した研究例もあるので紹介しよう。

サリチル酸ナトリウムは[bmim][PF$_6$]に非常によく溶解する。そこで，この溶液に塩化ベンジルを加えるとただちにベンジルエステルが定量的に生成する。反応後水洗して生じた塩化ナトリウムを除き，減圧して乾燥すればイオン液体は再び使用できる（図3.40）。

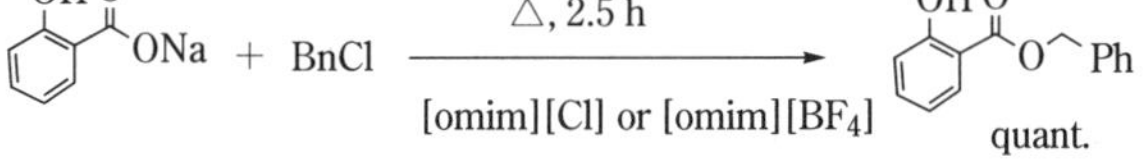

図3.40 カルボン酸塩とハロゲン化アルキルによるエステル化反応

極性の大きな溶媒中ではケトンがエノール化しやすいと考えられるが，実際にα-テトラロンとビストリメチルシリル酢酸アミドをイオン液体テトラブチルアンモニウムブロミド中105℃で加えるとシリル交換が起こり，シリルエノ

ールエーテルが得られる。ただし，この反応はイミダゾリウム塩では起こらない（**図 3.41**）。

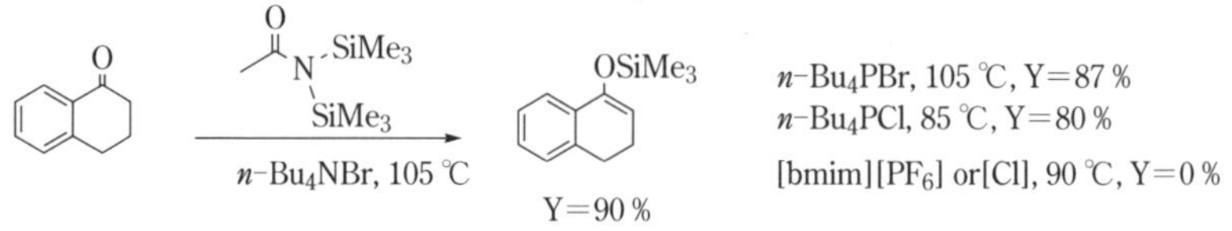
O
SiMe3
N
SiMe3
n-Bu4NBr, 105 ℃
OSiMe3
Y=90 %
n-Bu4PBr, 105 ℃, Y=87 %
n-Bu4PCl, 85 ℃, Y=80 %
[bmim][PF6] or[Cl], 90 ℃, Y=0 %

図 3.41　シリルエノールエーテルの調製

イオン液体中で S_N2 反応が活性化されるという注目すべき例もある。フッ化カリウムを一級メシラートと [bmim][BF_4] 中で作用させると，フッ素化が起こる。単純な反応であるがこのような反応は他の溶媒では起こらない。フッ化セシウムと臭化アルキルでフッ素化も可能であり，単純な反応であるが実用的な価値は大きい。イオン液体を使うことでフッ化物イオンの活性が上がっているのが興味深い（**図 3.42**）。

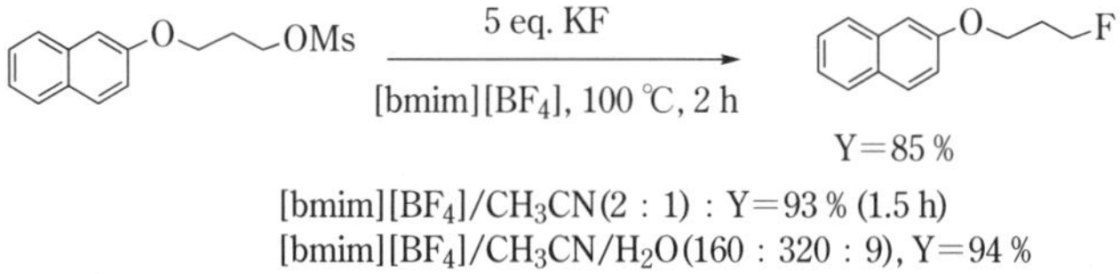
O
OMs
5 eq. KF
[bmim][BF4], 100 ℃, 2 h
O
F
Y=85 %
[bmim][BF4]/CH3CN(2 : 1) : Y=93 % (1.5 h)
[bmim][BF4]/CH3CN/H2O(160 : 320 : 9), Y=94 %

図 3.42　イオン液体溶媒中の S_N2 反応活性化

最近，核酸のアシル化反応にイオン液体が適していることが報告されている。核酸は有機溶媒に溶けにくい。したがって，核酸のアシル化のためには特殊なアシル化試薬が必要であった。イオン液体は非プロトン性溶媒として特異的に核酸をよく溶解する溶媒である。特にメトキシエトキシ側鎖を持つイミダゾリウム塩が適しており，普通の酸無水物でアシル化が実現した（**図 3.43**）。

イオン液体自身がルイス酸的に作用したため反応が実現したと考えられる例を二つ示そう。

イミンとジアゾ酢酸エチルを [bmim][PF_6] 中，室温で攪拌すると対応するア

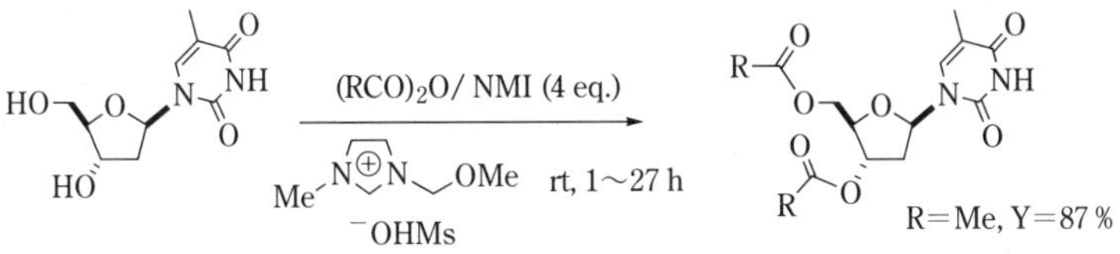

3.1 反応場としてのイオン液体   57

図3.43 核酸のアシル化に好適なイオン液体

ジリジンがシス体選択的に得られている。ジクロロメタン溶媒中ではまったく反応が起こらず，[bmim][PF$_6$] 混合溶媒中でも反応は起こらない（図3.44）。

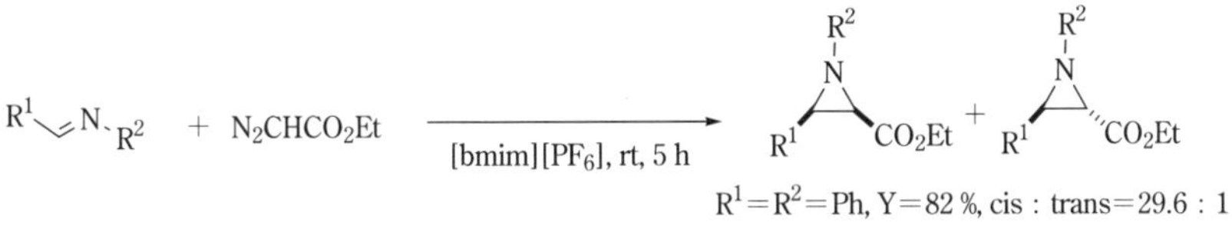

図3.44 イオン液体中のカルベン付加反応によるアジリジン合成

また，Yadav らはイオン液体溶媒中でエポキシドにアミンを作用させるとエポキシドが開環しヒドロキシアミンが生成することを報告しているが，この反応では [bmim][BF$_4$] がよく，[bmim][Cl] 中ではまったく反応が起こらない。80 ℃で減圧したのち，そのまま再びイオン液体を利用できるとされている（図3.45）。

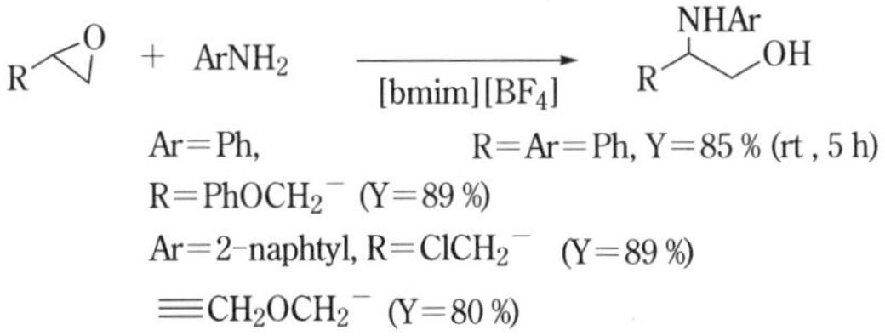

図3.45 アミンによるエポキシドの開環反応

〔3〕 イオン液体を反応剤に使う反応

この節の最後にイオン液体そのものを反応剤的に使用する例を示そう。[omim][OTs] に臭化ナトリウムを加え減圧したのちアセトンを加えると，トシラートイオンが臭化物イオンに置換される。このイオン液体に 1 当量の *p*-トル

エンスルホン酸存在下一級アルコールを加えると対応する臭化アルキルが生成し、同時に [omim][OTs] が再生される（**図3.46**）。

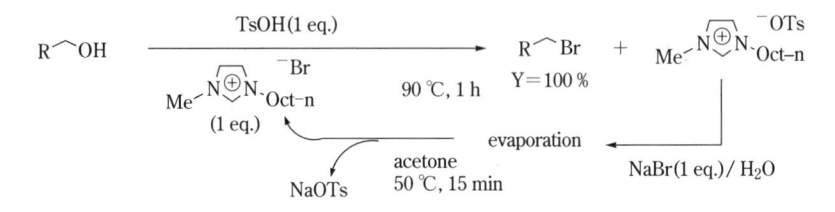

図3.46 イオン液体反応剤によるハロゲン化反応

最近、ユニークなイミダゾリウム HF 塩のイオン液体が萩原らによって合成されているが、松原らはこのイオン液体をフッ素化剤に利用してエポキシドと反応させてフルオロヒドリンの合成に成功している。少量のメタノールを反応に加えるのがみそであるが、イオン液体のおもしろい利用法である（**図3.47**）。

図3.47 イオン液体反応剤によるフッ素化

これら二つの例は、デザイナー流体であるイオン液体の発展性を如実に示したものと思われる。

イオン液体を反応場とする合成反応を概観してきたように、すでに十分に特徴のある反応が多く実現している。イオン液体は、反応場としても反応試剤としても工夫しだいで大きな発展性を持っていることがわかってもらえたかと思う。米国の流行にはわれ先に飛びつくのがわが国の特徴である。イオン液体を使う反応はヨーロッパから始まり米国ではまだ流行には至っていないため、現在の日本では模様眺めの様子が見られる。すでに中国やインド、韓国の研究者が盛んに取り組み研究に貢献している。揮発しない溶媒、大気中に拡散するこ

とがなく難燃性の溶媒という特徴だけでも，従来使われてきたトルエンやハロアルカンの代替溶媒としての意義も大きく，工夫しだいで大きな発展が期待できる反応場であることは間違いない。

イオン液体の安全性について

疎水性で使いやすいという点で [bmim][PF_6] がよく利用されているが，Rogers（イオン液体を反応媒体に使う研究の創始者の一人）らが PF_6 塩には湿気で加水分解され HF を発生するため危険性があることを報告している（図 3.48）。

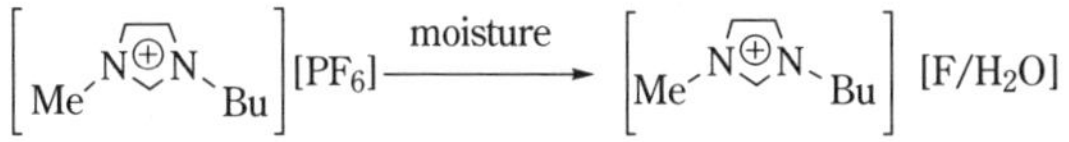

$$\left[Me\overset{\oplus}{N}\overset{\frown}{N}Bu\right][PF_6] \xrightarrow{\text{moisture}} \left[Me\overset{\oplus}{N}\overset{\frown}{N}Bu\right][F/H_2O]$$

図 3.48 [bmim][PF_6]の湿気による加水分解

筆者らも突然 [bmim][PF_6]が酸性になるという経験をしており，130 ℃以上になる反応の場合，PF_6 塩は避けるべきである（図 3.48）。

ただし，イミダゾール環はアミノ酸であるヒスチジンにも含まれている構造であり，容易に代謝系に組み込まれ，生体内では肝臓で酸化的に容易に代謝され残存性は低いと考えられ，Jastorff らはイミダゾリウム環の生体内での代謝ルートを考察している（図 3.49）。

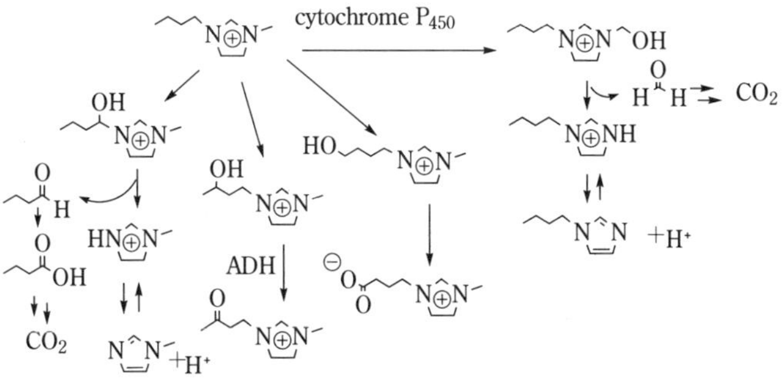

図 3.49 イミダゾリウム塩の代謝ルート

四級アンモニウム塩には界面活性作用で抗菌性を示すものがある。イオン液体も四級アンモニウム塩であるため，側鎖が長くなってくると生理作用を示すことも起こりうるが，生体内や自然系での残存性はあまり高くないと予想される。特に，ブチル，メチル，エチルなどのイミダゾリウム塩に限っていえば心配ない。ピリジニウム系イオン液体は生体内での残存性を含めて注意が必要であるが，イミダゾリウム塩イオン液体はトルエン，ベンゼンやハロアルカンと異なり，「安全性の高い有機溶媒」である。3.2節でイオン液体を反応媒体として酵素の反応が進行することを述べるが，酵素の反応がイオン液体中で進行することでも安全性が示されているのではないかと思われる。ただし，Rogers らは [bmim][Cl] 中ではセルラーゼが完全に失活し，NaCl の濃厚溶液中でタンパクが変成するパターンと類似しているため，塩化物イオンを対アニオンとする場合は注意が必要ということを報告している。塩化物イオンを対アニオンとするイオン液体は使用しない方が無難であろう。

3.2　生体触媒を利用する機能性反応場としてのイオン液体

　化学反応はなんらかの反応媒体中で行う必要があり，酵素を利用する反応においても同様である。化学反応に反応媒体は必須の要素であり，優れた反応媒体の開発が化学反応のブレークスルーに直結した例は多い。酵素反応の反応媒体として水というのが常識であるが，最近では有機溶媒中で酵素が活性を示す例が多く報告されるようになってきた。リパーゼは，十分に水が存在する環境では加水分解反応を触媒するが，疎水環境では逆反応であるエステル交換反応をもっぱら触媒する。すなわち，酵素反応といえども反応媒体の選択による反応制御が可能である。

　生体触媒反応の利点の一つとして水溶媒中での反応であることがあげられる。水を使う反応であるため環境に優しいという説明もしばしば見られる。しかし，「水溶媒＝環境に優しい合成反応」と言い切れるかどうかはわからない。有機合成反応に水を使った場合，反応溶媒である水と生成物である有機化合物を分離するために意外に労力を有する。さらに，反応処理の過程で出てくる有

機溶媒を含んだ廃水の無害化処理は結構たいへんである．筆者はパン酵母によるケトン類の不斉還元でキラルなアルコールを合成していた経験がある．反応は常温常圧で進行し，反応操作も簡単でキラル二級アルコールが合成できる便利な方法である．特別なバイオリアクターが要るわけでもなく，筆者らはインスタントコーヒーの空き瓶を容器に用いて不斉還元反応を行っていた．パン酵母の水溶液にブドウ糖を加え，これにケトンのエタノール溶液を加えて撹拌するだけできわめて高いエナンチオ選択性で不斉還元が実現し，酵素の能力の高さに驚かされたのであるが，しばしば目的生成物の抽出に多大な労力を要した．抽出操作のために有機溶媒を加えると，たちの悪いエマルジョン状になり，多量のセライトで濾過して力業で抽出していたことを思い出す．「触媒そのもの」に限れば生体触媒は遷移金属触媒よりはるかに green ではあるが，こんなに抽出溶媒を使っていいのかしら，と後ろめたい思いをしたものである．有機化合物の反応であるから，有機溶媒ですべての処理ができる方がはるかに簡便である．イオン液体の特徴の一つは有機溶媒との分離の切れのよさにある．溶けるか，溶けないかのいずれかであり，エマルジョン状態になった経験がない．3.1 節でさまざまな合成反応がイオン液体を溶媒に実現することを述べたが，反応生成物の抽出操作の容易さという一点のみをとっても，イオン液体を有機合成の反応媒体として使う意義は大きい．

ところが，酵素の反応には最適温度や至適 pH があり，高濃度の塩類溶液中ではタンパク質の変性を伴うことが生化学の教科書に述べられている．したがって，「塩」そのものであるイオン液体を酵素反応の溶媒として使おうというアイデアは，生物学の観点からすると常識外れの発想といえよう．しかし，「案ずるより産むが易し」というように，イオン液体中の酵素反応は可能である．イミダゾリウム塩のみならず，ピリジニウム塩もピロリジン塩も酵素反応の溶媒として利用できる．生体触媒にイオン液体を使う試みについて紹介しよう．

3.2.1 生体触媒とイオン液体の共存性

2000 年 7 月にロンドン大学 University College の Cull らが水：[bmim][PF_6]

(4:1) という2相系溶媒中で *Rhodococcus* による3-シアノベンゾニトリルから3-シアノベンズアミド化反応について，トルエン-水からなる2相系で反応を行うと菌がダメージを受け徐々に失活するが，イオン液体の場合は失活しないことを報告している．これが生体触媒の反応にイオン液体を関与させた最初の例になる（**図3.50**）．

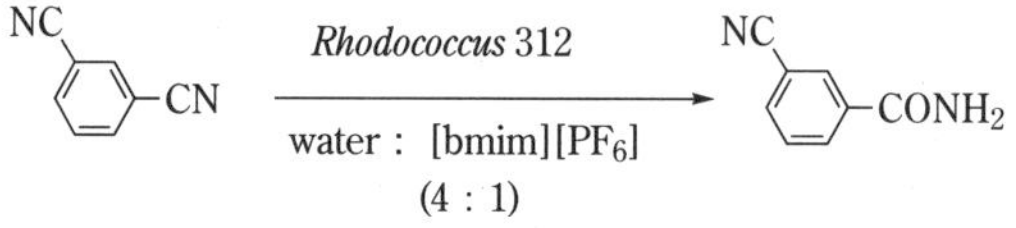

図3.50 イオン液体-水混合溶媒中の生体触媒によるニトリルのアミド化

続いてピッツバーグ大学のRussellらはCbz保護したアスパラギン酸とL-フェニルアラニンメチルエステルの thermolysin 触媒アミド化が [bmim][PF_6]-リン酸緩衝液混合液中で実現することも明らかにした（**図3.51**）．ただし，これら先駆的な研究で用いられたイオン液体 [bmim][PF_6] は水とまったく混じり合わず，酵素反応はもっぱら水中で行われており，イオン液体中の酵素反応といえるかどうかはわからない．

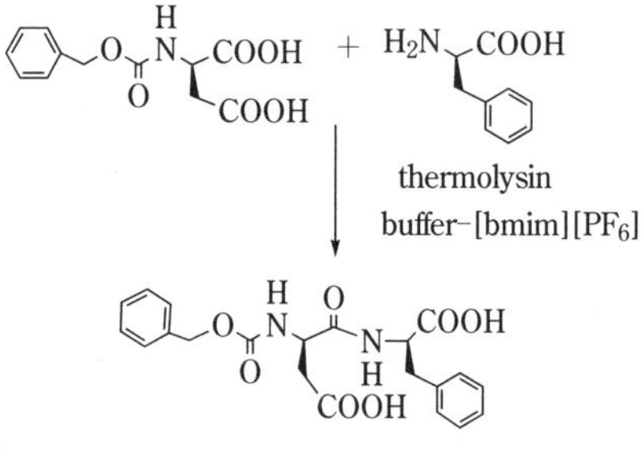

図3.51 緩衝液-イオン液体2相系による
酵素触媒アシル化反応

イオン液体のみを溶媒とする酵素反応の最初の例はオランダのデルフト工科大学のSheldonのグループが2000年12月に報告したものである（**図3.52**）．Sheldonらは，イミダゾリウム塩 [bmim][BF_4] 溶媒中でオクタン酸とアンモ

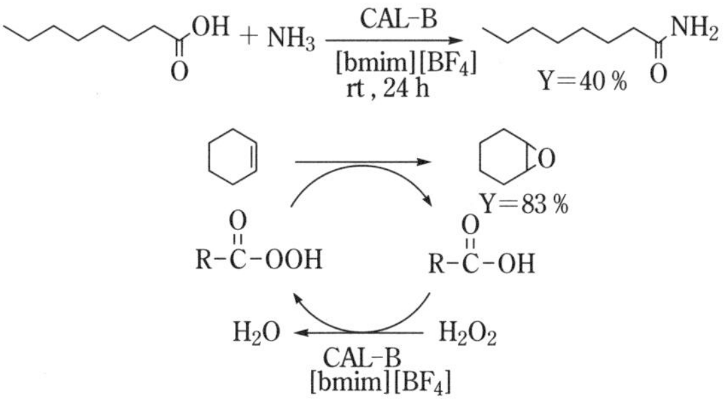

図3.52 イオン液体のみを溶媒に用いた最初の酵素反応例

ニアによるアミド化が *Candida antarctica* から単離したリパーゼ(CAL-B)により進行することを明らかにした。また，CAL-B触媒によりオクタン酸と過酸化水素による過オクタン酸が生成することを利用し，系内で発生させた過オクタン酸でシクロヘキセンのエポキシ化が良好な収率で進行することも見いだした。いずれも不斉反応ではないが，イオン液体中でリパーゼが触媒作用を発揮することが明らかになった。

3.2.2 イオン液体反応媒体による酵素触媒不斉反応

生体触媒反応の最大の特徴はその高い不斉認識を生かした不斉反応である。加水分解酵素リパーゼは試薬のような感覚で使うことのできる生体触媒であり，有機合成に盛んに利用されるようになった。リパーゼはさまざまな有機溶媒中でアルコールのアシル化を触媒してエステルに変換したり，エステルを加溶媒分解してアルコールに変換する反応を触媒する。このとき，エナンチオマーを見分けて反応するため，エナンチオマーの違いでアシル化速度が異なる。したがって，ラセミ体のアルコールをアシル化すると，酵素と適合したエナンチオマーが優先的にエステル化され，適合しないエナンチオマーは未反応でアルコールのまま残る。反応後にエステルとアルコールを分離すれば，結果的に酵素の反応でエナンチオマーを分離できたことになる（これを速度論的光学分割という）。非常に便利な方法であり，適した酵素さえ見つければ，一度に数十グラ

ムの光学活性体を簡単に得ることができる。

　Sheldon らはイオン液体中でリパーゼが活性を示すことを示したわけであるが，生体触媒がイオン液体中できちんと機能することを実証するには，やはり不斉反応が進行することが示されるべきである。筆者らは，イオン液体を反応媒体としてリパーゼによる二級アルコールの不斉アシル化反応を検討し，ラセミ体 5-フェニル-1-ペンテン-3-オールをモデル基質に用いて，イミダゾリウム塩イオン液体を反応媒体にリパーゼによる不斉アシル化反応を検討した。イオン液体として [bmim][BF_4], [bmim][PF_6] がよい溶媒になることがわかり，*Candida antarctica* リパーゼ（CAL と略記，Novozym 435 も同じ酵素で固定化方法が少し違うのみ）や *Pseudomonas cepacia* リパーゼ（PS と略記）で不斉アシル化反応が実現することがわかった。反応終了後エーテルを加えると，エーテル相とイオン液体相にきれいに分離する。未反応アルコールと生じたエステルはエーテル相に移り，イオン液体には酵素が残るため，減圧してエーテルを除いたのち，基質のアルコールとアシル化剤を加えると再度アシル化が進行し，酵素を再利用することもできた。筆者らほぼ同時にドイツの Rostock 大学の Kragl らもイオン液体中でのリパーゼ触媒不斉アシル化反応を報告した。ただし，Kragl らのデータは一部，筆者らの実験結果や，以降に発表された多くの研究者の報告と合わない箇所があり，これはイオン液体中の不純物によるものと思われる（Kragl 自身も後程反省している）。なにしろ溶媒であるため，たとえわずかな不純物とはいえ触媒に対しては無視できない量になるし，相手は酵素であるから，不純物によってはたとえ微量でも反応がまったく進行しなくなる事態も起こりうる。筆者らは研究初期にこの問題に突き当たり，イオン液体の精製法を確立するのに時間を要したために論文として投稿するのが遅れ，この分野での一番乗りをわずかに逃したが，この期間の研究は現在十分に生きているように思われる。なお，筆者や Kragl に続き，韓国ポーハン工科大学の Kim，スペインのマルシア大学の Lozano とフランスのレンヌ大学の Iborra らの合同チーム，カナダ MacGill 大学の Kazlauskas らから相次いでイオン液体中のリパーゼ触媒反応の報告がなされた。これら初期の研究で示された基質の例を図 3.53 に示す。

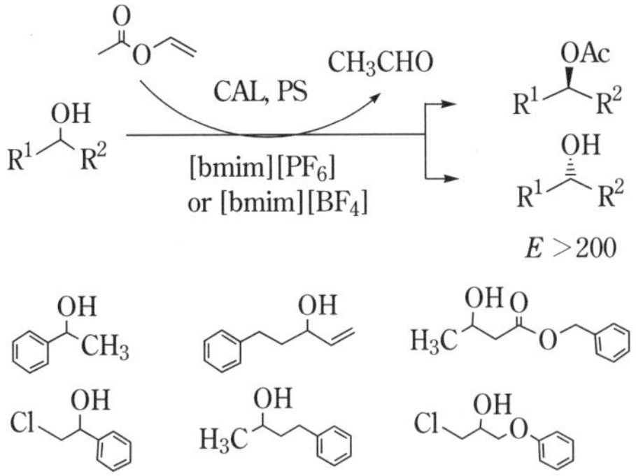

3.2 生体触媒を利用する機能性反応場としてのイオン液体

図 3.53 イオン液体を反応媒体とするリパーゼ触媒不斉アシル化反応

なお，この反応は速度論的光学分割であるため，酵素のエナンチオ選択性の評価は E 値で比較した。E 値はウィスコンシン大学の Sih らが考案した酵素反応のエナンチオ選択性を評価する尺度であり，R 体，S 体のエナンチオマー間の反応速度に各異性体のミカエリス定数 K_m の項を加味したエナンチオマー間の反応速度比であり，生成物と未反応物の %ee から計算できる。まったく選択性がない反応は $E=1$ であり，通常，100 以上あれば実用的に使える反応である。E 値が 200 以上ある場合は，完璧にエナンチオ選択的に反応が進行している。

先 陣 争 い

研究の世界では，特許でもノーベル賞でもわかるように，だれが最初に行ったかということがたいへん重要とされる。イオン液体を反応溶媒に酵素反応を行うということは生物学の常識から外れるようで，この仕事を生物分野の人々の前で話した際には一様に驚かれた経験がある。できてしまえば当たり前のコロンブスの卵のような仕事であるがゆえにインパクトは大きかった。

イオン液体を酵素反応の反応媒体とする研究では，Cull や Russel たちが，それぞれ自分たちが一番と論文中で述べているが，いずれも水に [bmim][PF$_6$] を加えた 2 相系での反応であり，純イオン液体中で酵素反応

が進むということを実証したとはいい難く，やはり Sheldon らが一番乗りであると思われる。しかし，北爪は 2000 年 7 月に英国ダーラム大学で開催された国際フッ素化学討論会で，リパーゼの反応がイオン液体中で進むことを口頭報告している。北爪も十分一番乗りの資格がある。同様に，筆者の研究室でも，すでに 2000 年 3 月には [bmim][PF$_6$] 中で不斉アシル化が進行することを見つけていた。このときにすぐ投稿していればもちろん一番乗りを果たしたはずである。

ところが，イオン液体の特徴を出すため，ぜひとも酵素のリサイクル使用を実現しようと実験を進めたところ，合成したイオン液体のバッチが違うとまったく反応が進行しなくなるという深刻な問題に直面した。少しばかり収率が変化する程度ではなく，ぱたりと反応がいかなくなるという事態には投稿を躊躇せざるをえなかった。筆者らは現在でもイオン液体をすべて自前で合成しているが（特に当時はイオン液体が市販されていなかった），精製が不十分なためではないかと予想し，慎重にイオン液体の精製法について検討を行い，やっと自信を持って同年 12 月にハワイで開催された環太平洋国際会議で発表したのであるが，この間に Cull, Russell, Sheldon らの仕事が発表されてしまったのである。

Sheldon のグループではイオン液体をこの分野の創始者である Seddon グループから供給を受けていたとのことであり，最初から高純度のイオン液体を使用できる有利さがあった。ハワイでの学会直前に Sheldon グループの仕事が *Org. Lett.* の Web 版に掲載されたのを知り大きなショックを受けた。

また，ハワイで発表すると，会場に居た韓国ポーハン工科大学の Kim と，司会のカナダ MacGill 大学の Kazlauskas のところでもイオン液体中のリパーゼ反応の研究が進んでいることがわかった。オランダ，英国，米国，ドイツ，韓国，カナダ，フランスとスペインの合同チーム，そして筆者らと北爪の日本グループが，それぞれ独自に同時期に研究を進めていたわけである。

同じアイデアに基づく研究が世界中で同時進行し，気がつくと激しい先陣争いに巻き込まれていることは多くの研究者が経験するものである。イオン液体中での酵素反応研究の始まりもまさに同様であった。

3.2 生体触媒を利用する機能性反応場としてのイオン液体

イオン液体の特徴は触媒が再利用できる反応システムを簡単に構築できることであることを3.1節で述べた。酵素反応においても酵素が再使用できるシステムが組めなければイオン液体を使う意義が半減する。**図3.54**に筆者らのリパーゼ繰返し使用システムを示す。

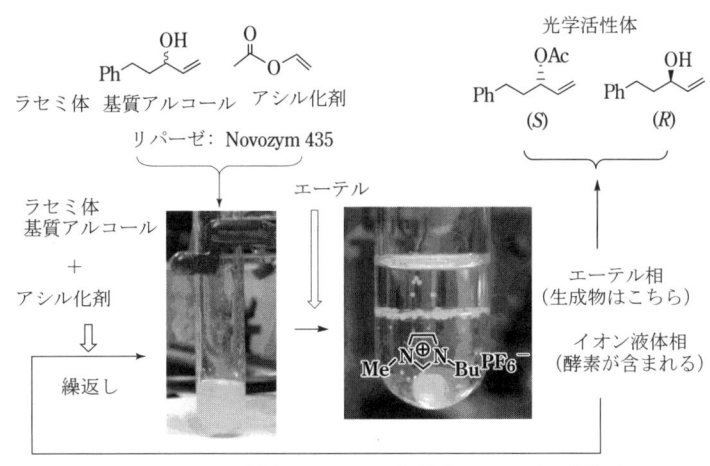

図3.54 リパーゼ繰返し利用システム

ただし，リサイクルを繰り返すとエナンチオ選択性は変化しないものの反応速度が低下してくる問題が生じた。この反応ではアシル化剤でリパーゼがアシル化されてアシルエンザイムコンプレックスが生じ，ここにアルコールがくるとアシル転移が起こり，基質アルコールがアシル化されるという，エステル交換反応である。もしカルボン酸メチルエステルやエチルエステルをアシル化剤に使うと，反応後にメタノールやエタノールが生じる。生じたアルコールは再びアシル化されてしまうことが起こりうる。

一方，酢酸ビニルをアシル化に用いた場合には，アシル化の後でビニルアルコールが生じることになる。ところが，ビニルアルコールはただちに互変異性してアセトアルデヒドとなるため逆反応が起こらない。アセトアルデヒドは酵素タンパク中のアミノ酸とシッフ塩基を形成するため酵素阻害作用があること

が知られているが,実際には揮発して反応系からすみやかに出ていくために問題にならないのである。

ところが,イオン液体を溶媒に使った反応の場合,再使用を繰り返したイオン液体を ^{1}H NMR で調べてみると,アセトアルデヒドトリマーあるいはオリゴマーが蓄積していることがわかり,実際にアセトアルデヒドが蓄積したイオン液体がリパーゼを阻害することがわかった。もしアシル化剤としてメチルエステルやエチルエステルを使用できれば,メタノールやエタノールが発生するだけで酵素阻害は起きないはずである。

減圧条件でアシル化反応を行うことで生じたメタノールやエタノールをただちに反応系から追い出してしまえば,メチルエステルやエチルエステルも良好なアシル化剤になると期待される。このようなアイデアに基づき減圧条件で不斉アシル化した反応が知られているが,アシル化剤となるメチルエステルを溶媒兼用で大過剰使用する必要があった。イオン液体の特徴の一つはいくら減圧しても留去される心配がない溶媒ということにある。したがって,イオン液体を反応溶媒に利用すれば,必要量だけのメチルエステルで十分アシル化できるはずである。もちろん,エステルは選択する必要があり,フェニルチオ酢酸メチルやフェノキシ酢酸メチル,オクタン酸メチルで非常にエナンチオ選択性の高い反応が実現した。

イオン液体を溶媒に用いてフェニルチオ酢酸メチルをアシル化剤に用いて減圧条件アシル化を行ったところきわめて効率的な不斉アシル化が実現した(図 **3.55**)。

5回反応を繰り返しても反応速度,エナンチオ選択性ともに低下しない。しかも,基質当り 0.5 当量という理論量のみアシル化剤を使えばよいという効率的不斉アシル化反応が実現した。

イオン液体中でアセトアルデヒドが蓄積する理由を考察したところ,イオン液体を構成するイミダゾリウム塩の2位のプロトンの酸性度が高く酸触媒として作用するためアセトアルデヒドのオリゴマー化が促進されていると予想された。

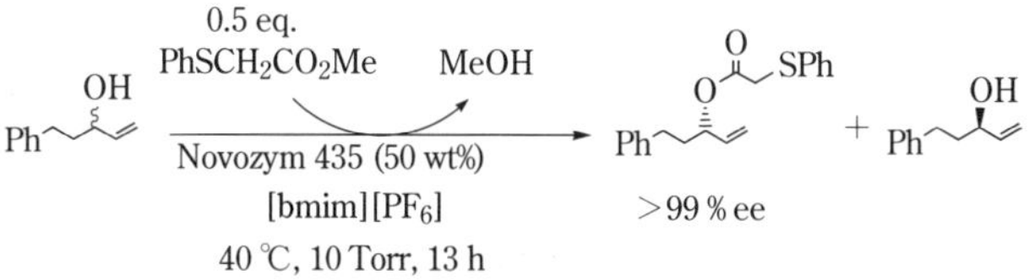

3.2 生体触媒を利用する機能性反応場としてのイオン液体

	relative rate 〔%conv./h〕	E value
1st run	3.5	>200
3rd run	3.4	>200
5th run	3.5	>200

図 3.55 減圧条件によるリパーゼ触媒不斉アシル化反応

そこで，2 位をメチル化してプロトンをなくした 1-ブチル-2,3-ジメチルイミダゾリウム塩を反応溶媒に用いたところ，予期したとおりアセトアルデヒドオリゴマーの蓄積が認められなくなり，10 回反応を繰り返しても反応速度が低下せず，完璧なエナンチオ選択性を保ったまま酵素の再利用が実現した（**図 3.56**）。

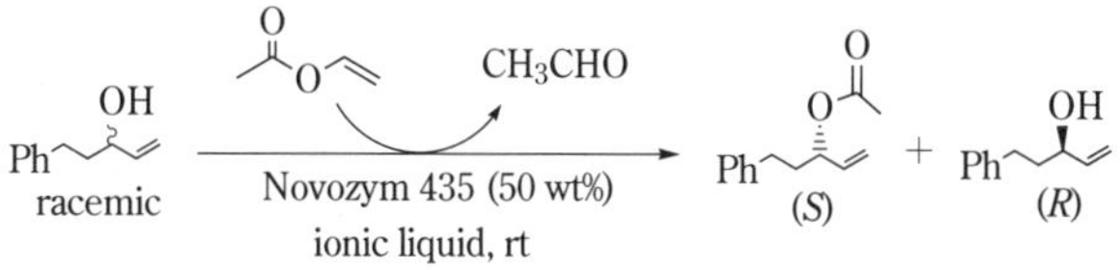

solvent			relative rate 〔%conv./h〕	E value
$[\mathrm{Me-N^{\oplus}N-Bu}]$	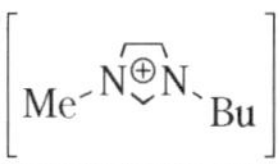 $\mathrm{BF_4}$	1st run	14	>200
		3rd run	9	>200
		5th run	0.8	>200
$[\mathrm{Me-N^{\oplus}N-Bu}]$ $\quad\ \mathrm{Me}$	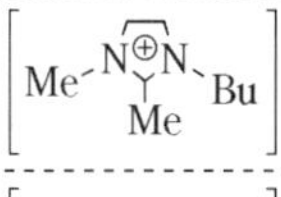 $\mathrm{BF_4}$	1st run	16	>200
		5th run	10	>200
		10th run	12	>200
$[\mathrm{Me-N^{\oplus}N-Bu}]$	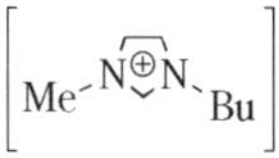 $\mathrm{PhOCH_2CH_2SO_4}$	1st run	1.2	>200
$[\mathrm{Me-N^{\oplus}N-Bu}]$ $\quad\ \mathrm{Me}$	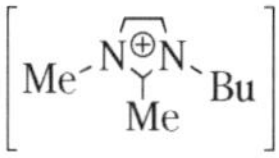 $\mathrm{PhOCH_2CH_2SO_4}$	1st run	19	>200

図 3.56 イミダゾリウムカチオンのデザインによるリパーゼの安定性の向上

ところで,イオン液体にBF_4やPF_6, $N(Tf)_2$, OTfなどを対アニオンとするイミダゾリウム塩を溶媒として用いてきた。これらフッ素化アニオンは高価なことが問題である。もし,スルホン酸を対アニオンにできればハロゲンフリーイオン液体になるのみならず,安価なイオン液体が合成でき,なによりも,対アニオンの種類を飛躍的に増やすことができる。そこで,対アニオンにスルホン酸アニオンを持つイオン液体を各種合成し,これらのイミダゾリウム塩を反応溶媒としてリパーゼ触媒反応を検討した。その結果,メトキシエトキシスルホン酸イオンを持つイオン液体がよい溶媒になることがわかった。スルホン酸を対アニオンに持つイミダゾリウム塩でも,1-ブチル-2,3-ジメチルイミダゾリウム塩の反応が速い(図3.56)。

なお,リパーゼをイオン液体中で繰返し使用する場合,酵素の固定化が必要となる。イオン液体は比重が大きいため,抽出操作を容易にするためには従来よく使われてきたポリマーよりも比重の大きい固定化担体が望ましい。筆者らはこの観点から新しい酵素固定化担体を検討し,セラミックやメソポラスシリカ,タングステンオキシドでコートした金属塩が新しい酵素固定化担体になることを見いだしている。

イオン液体中の生体触媒反応についてさらなる例を紹介しよう。

Lozanoらは, [bmim][PF_6], [emim][NTf_2], [bmim][BF_4]を溶媒に用いて, *Candida antarctica* リパーゼによる酢酸ビニルと1-ブタノールとの反応による酢酸ブチルの合成を行っている。このとき,[bmim][PF_6]中では酵素が徐々に失活するが(半減期が約3時間),基質が存在すると半減期が7500時間と圧倒的に安定になるという興味深い結果を報告している(**図3.57**)。

イオン液体による酵素の安定化効果はほかにも例があり,イオン液体[bmim][PF_6]を溶媒に, α-クロロプロピオン酸とブタノールのエステル化を *Candida rugosa* (CRL)リパーゼで行っているが,ヘキサン中で行う場合には反応を繰り返すうちに大幅に収率が低下してくる。ところがイオン液体中ではまったく反応性が低下しないことが報告されている(**図3.58**)。

筆者らも 1-ブチル-2,3-ジメチルイミダゾリウム塩 [bdmim][BF_4]を溶媒にリ

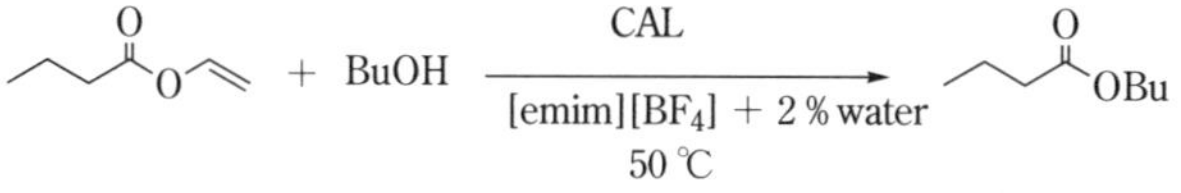

3.2 生体触媒を利用する機能性反応場としてのイオン液体

$$\text{CH}_3\text{CH}_2\text{COOCH=CH}_2 + \text{BuOH} \xrightarrow[\substack{[\text{emim}][\text{BF}_4] + 2\%\text{water} \\ 50\,°\text{C}}]{\text{CAL}} \text{CH}_3\text{CH}_2\text{COOBu}$$

	$t_{1/2}$ [h] (at rt)	
	基質エステルなし	基質エステルあり
native CAL in 1-butanol	2.9	—
[emim][BF$_4$]	8.3	2 600
[emim][PF$_6$]	3.2	7 500

図 3.57 基質アルコールとの相互作用によるイオン液体中のリパーゼの安定化

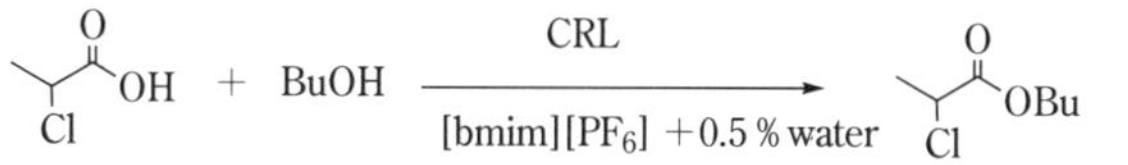

$$\text{CH}_3\text{CHClCOOH} + \text{BuOH} \xrightarrow[{[\text{bmim}][\text{PF}_6] + 0.5\%\text{water}}]{\text{CRL}} \text{CH}_3\text{CHClCOOBu}$$

イオン液体に微量の水を添加するとリパーゼの安定化が向上
図 3.58 リパーゼ触媒によるエステル化反応

パーゼ触媒反応を繰り返したが，この溶媒中では酵素は安定であり，ヘキサンやトルエンで何度か酵素を再使用するとすみやかに酵素が失活してくるが，この溶媒中では何か月も安定に存在することがわかった。Lozano らはイオン液体と超臨界二酸化炭素を組み合わせた効率のよい酵素繰返し利用システムを構築している。ここでも，超臨界二酸化炭素のみで反応を行うより，イオン液体を補助溶媒とした方が圧倒的に酵素の寿命が延びる（**図 3.59**）。

ポリエチレングリコール（PEG）処理すると酵素などの不安定なタンパク質を安定化することがよく知られているが，後藤らはイオン液体 [omim][PF$_6$] を溶媒中ポリエチレングリコールで処理したリパーゼで桂皮酸ビニルとブタノールのエステル交換反応を行い，PEG 処理した酵素の方がイオン液体中で安定であると報告している（**図 3.60**）。

イオン液体を反応溶媒に使うと酵素反応の選択性が向上するという例も報告されている。グルコースへの位置選択的なアシル化反応はリパーゼが得意とする反応の一つであるが，選択性が低い場合もある。Kazlauskas や Kim らは 1-メチル-3-メトキシイミダゾリウムの PF$_6$ や BF$_4$ 塩を溶媒に用いて反応を行う

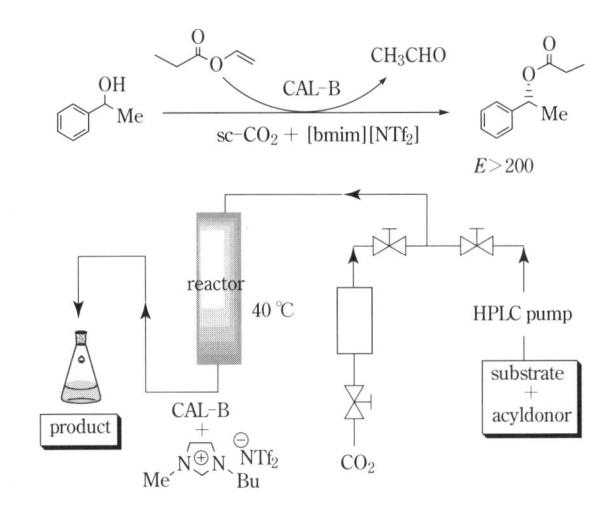

図3.59 超臨界CO_2とイオン液体の組合せによるリパーゼ触媒反応の効率化

図3.60 イオン液体溶媒中ではPEG処理したリパーゼが有効

と，位置選択性がTHF溶媒中に比べて大幅に向上することを報告している（図3.61）。

リン酸化合物はタンパクと強く結合するために，酵素の阻害効果を示すことがあるが，イオン液体によるリパーゼ不斉アシル化はリン酸オキシドの光学分割にも利用できる（図3.62）。

リパーゼはポリエステル合成にも利用できることが知られているが，この反応にもイオン液体溶媒が有効である。京都大学の小林，宇山らは[bmim][BF_4]を溶媒に用いてε-カプロン酸の開環重合反応が進行すること，アジピン酸エチルと1,4-ブタンジオールのポリエステル化ができることを明らかにした。後者の反応では筆者らの示した減圧条件が有効であることを報告している（図3.63）。

RussellやNaraらも同様のポリエステル化に[bmim][PF_6]が溶媒として利用

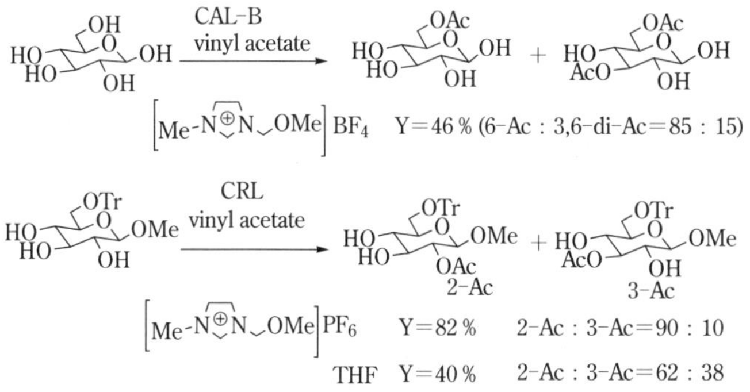

3.2 生体触媒を利用する機能性反応場としてのイオン液体

図3.61 位置選択的なリパーゼ触媒アシル化反応

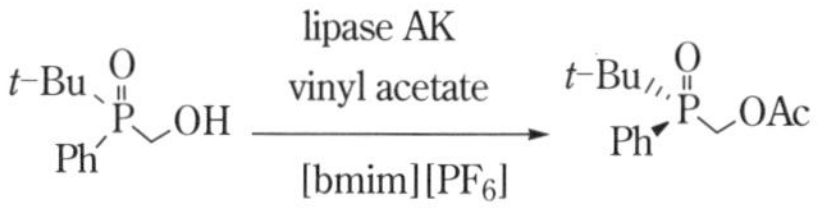

図3.62 リパーゼ触媒によるリン酸基を持つアルコールへの不斉アシル化

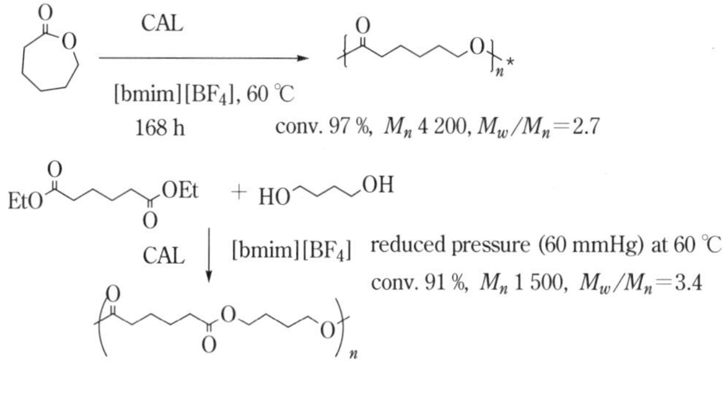

図3.63 リパーゼ触媒によるポリエステル合成

できることを報告しており，Russellらは，ピロリジンの四級塩イオン液体もリパーゼの反応溶媒として優れていることを明らかにしている。

イオン液体が溶媒として利用できるのはリパーゼばかりではない。Howarthらはパン酵母によるケトンの不斉還元が[bmim][PF$_6$]中で進むことを明らかにしている。ただし，この反応では[bmim][PF$_6$]：水＝10：1混合溶媒が必須であ

る。反応にはアルギン酸固定化酵母が使われており、酵母菌がイオン液体中で増殖できるというわけではなさそうである（図 3.64）。

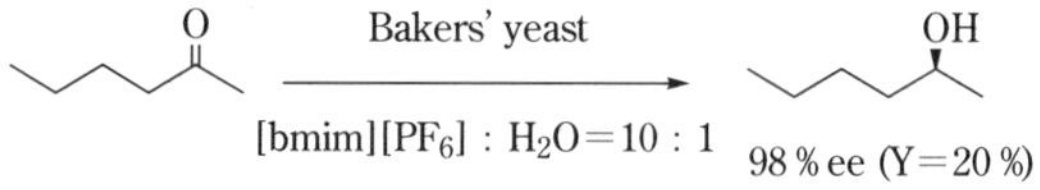

$$\text{(ペンタン-2-オン)} \xrightarrow[\text{[bmim][PF}_6\text{] : H}_2\text{O} = 10 : 1]{\text{Bakers' yeast}} \text{(2-ヘキサノール)} \quad 98\%\text{ee (Y=20\%)}$$

図 3.64 イオン液体-水 2 相系溶媒による
パン酵母不斉還元反応

北爪らは抗体酵素の反応も [bmim][PF$_6$] 中で進行することを明らかにしている。再使用も可能で、驚くべきことに、なんと 1 回目より 2 回目の方が酵素活性が高い。抗体酵素は活性中心が露出しているタンパクであるが、イオン液体中できちんと反応が進行するわけである（図 3.65）。

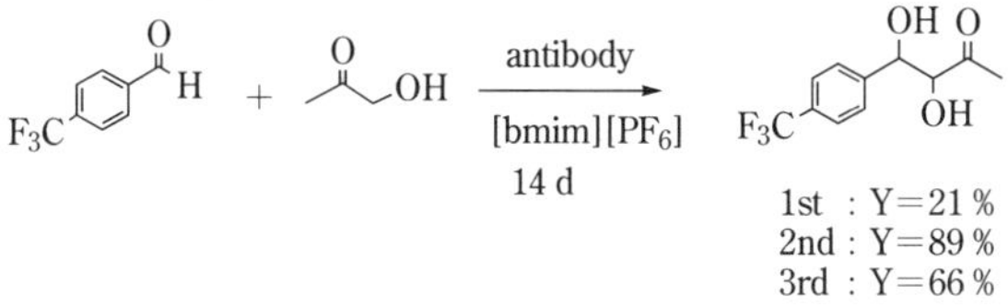

$$\text{F}_3\text{C-C}_6\text{H}_4\text{-CHO} + \text{HOCH}_2\text{-C(=O)-OH} \xrightarrow[\text{[bmim][PF}_6\text{]}\\ 14\text{ d}]{\text{antibody}} \text{生成物}$$

1st : Y=21 %
2nd : Y=89 %
3rd : Y=66 %

図 3.65 イオン液体溶媒中の抗体酵素反応

さらに、最近、グルコースオキシダーゼとペルオキシダーゼの反応システムが [bmim][PF$_6$] 中で進行し、スルフィドの不斉酸化反応が実現している（図 3.66）。酵素反応にイオン液体が有効なことは、いまや完全に実証されたといえよう。

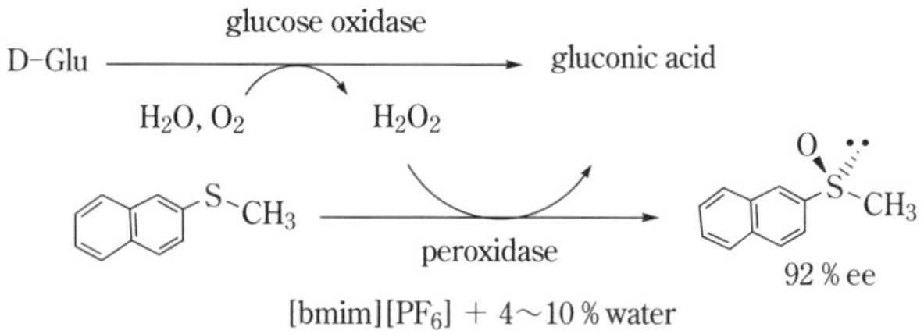

$$\text{D-Glu} \xrightarrow[\text{H}_2\text{O, O}_2 \quad \text{H}_2\text{O}_2]{\text{glucose oxidase}} \text{gluconic acid}$$

$$\text{Naphthyl-S-CH}_3 \xrightarrow{\text{peroxidase}} \text{Naphthyl-S(=O)-CH}_3 \quad 92\%\text{ee}$$

[bmim][PF$_6$] + 4～10 % water

図 3.66 イオン液体溶媒中のグルコースオキシダーゼ反応

酵素反応のためのイオン液体精製法

65 ページのコラムでも述べたように，筆者らは研究の初期にイオン液体の精製の問題に悩まされた。[bmim][PF$_6$]を例にとり，筆者らが行っている精製法を紹介しよう（**図 3.67**）。この方法はイオン液体の再生処理にも有効である。

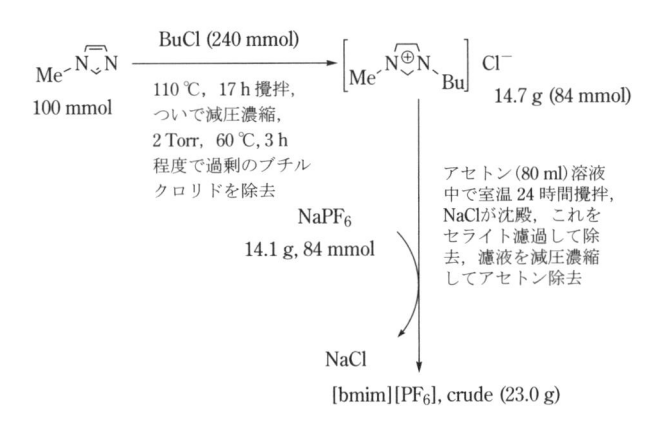

Me–N⌒N
100 mmol

→ BuCl (240 mmol)
110 ℃，17 h 攪拌，ついで減圧濃縮，2 Torr，60 ℃，3 h 程度で過剰のブチルクロリドを除去

[Me–N⊕N–Bu] Cl$^-$
14.7 g (84 mmol)

NaPF$_6$
14.1 g, 84 mmol

アセトン(80 ml)溶液中で室温 24 時間攪拌，NaClが沈殿，これをセライト濾過して除去，濾液を減圧濃縮してアセトン除去

NaCl

[bmim][PF$_6$], crude (23.0 g)

↓ ヘキサン-酢酸エチル（2:1）混合溶液で洗浄
↓ 減圧して溶媒除去

アセトン溶液として中性アルミナ（タイプ I, activated）を充てんしたショートカラムを通す

↓ エバポレーターで溶媒除去ののち，1 Torr, 50 ℃, 24 h で減圧して溶媒を除く

[Me–N⊕N–Bu] PF$_6$
22.0 g (77.4 mmol)　通算収率 77 %

図 3.67 イオン液体 [bmim][PF$_6$]の精製方法

イオン液体を酵素反応の媒体に使う利点としてつぎの3点があげられる。
1) 反応後の抽出操作が容易で有機溶媒を含む廃水を出さない
2) 酵素の再使用システムが容易に構築可能
3) イオン液体の機能を生かした反応設計が可能

3)に関しては，いろいろな観点から機能をとらえることができる。例えば，揮発しないというイオン液体の機能をとらえるだけでも，筆者らが示したように減圧条件のアシル化反応を構築できる。これは，単にアシル化を効率的に進めるのみならず，アシル化剤の種類を大幅に拡張できるという点でも意義が大きい。アシル化剤のエステルをデザインすれば，不斉アシル化した生成物を使ってさらにおもしろい反応につなげることもできる。また，3.1節で示したようにイミダゾリウム塩のアルキル鎖をデザインして触媒機能を付加したイオン液体が合成できる。これを利用すれば，酵素の反応プラスアルファの反応も可能になるかもしれない。

なお，現在のところ，$[PF_6]$塩を使った反応が多いが，$[PF_6]$塩は加水分解でHFを生じるおそれもあり，筆者らも突然酸性になって反応がつぶれた経験がある。$[PF_6]$塩は疎水性のために水で洗浄して精製しやすいという利点があるためよく利用されてきたと思われるが，今後は他のアニオンにしていくべきではないかと感じている。図3.68に生体触媒反応の溶媒として利用されている

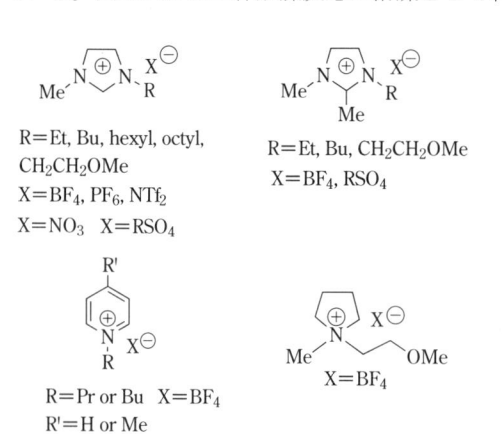

R=Et, Bu, hexyl, octyl, CH_2CH_2OMe
X=BF_4, PF_6, NTf_2
X=NO_3 X=RSO_4

R=Et, Bu, CH_2CH_2OMe
X=BF_4, RSO_4

R=Pr or Bu X=BF_4
R'=H or Me

X=BF_4

図3.68 酵素反応に使用できるイオン液体

イオン液体を示す。いずれにしても，デザイナー流体であるイオン液体の「機能を使う」という仕事はまさにこれからが勝負であり，今後の進展が大いに期待される。

3.3 イオン液体と酸から構築される反応場

環境調和型溶剤としてイオン液体をとらえるならば，繰返し使用できることが重要なポイントである。ある種のイオン液体 [emim][OTf] にトリフルオロスルホン酸 (TfOH) を少量添加した反応場では，アルドール反応がスムーズに進行し，反応終了後，系から基質と生成物をジエチルエーテルで抽出したのち，系を減圧下 70 ℃ で加熱し再度この系をアルドール反応の反応場として利用することができることが報告されている（図 3.69）。

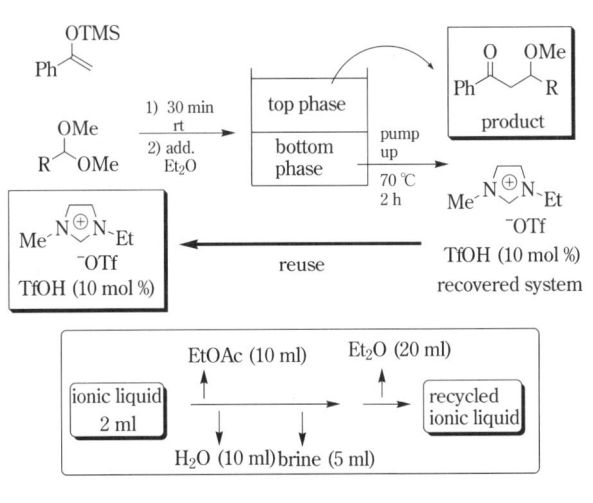

run	R	yield〔%〕	run	R	yield〔%〕
1	Ph	78	1	n-C$_7$H$_{15}$	79
2	Ph	82	2	n-C$_7$H$_{15}$	89
3	Ph	81	3	n-C$_7$H$_{15}$	80

図 3.69　繰返しの利用例

この実験結果は，加熱減圧下（<1 mmHg，70℃で2時間）においても触媒 (TfOH) がイオン液体中に保持されていることを示唆しており，TfOH の沸点 (162℃) から考えると興味深い結果であったので，TfOH の濃度を変化させて ^{19}F NMR スペクトルの測定を行った（図 3.70）。各比率において CF_3 基のシグナルが 1 種類しか観測されず，TfOH の比率が増加するほどピークが高磁場へとシフトする現象が確認された。

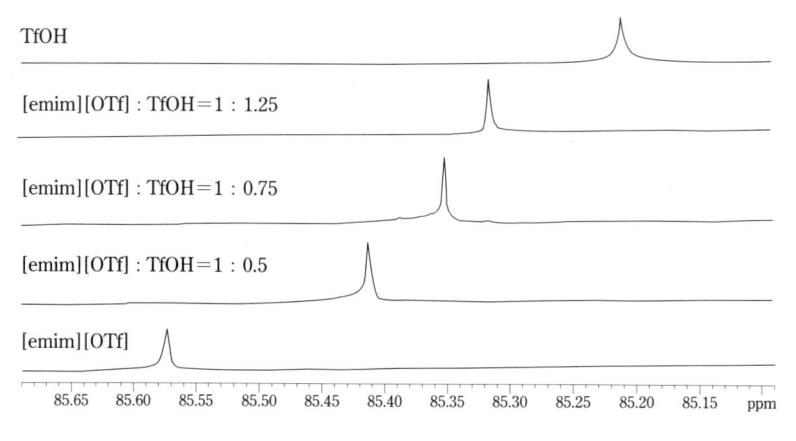

図 3.70　イオン液体-CF_3SO_3H 混合溶液の ^{19}F NMR スペクトル

この測定結果から，TfOH の TfO^- とイオン液体 [emim][OTf] の TfO^- との速い交換をしていることが推察され，減圧下，加熱したのちも NMR のシフト値が変化せず触媒がイオン液体に担持されるという現象が見いだされている。

この反応場はアリル化反応の系としても利用でき，アリルアルコール類からアリルカチオンを生成させることが容易であり，高い収率でアニソールのパラ置換体を得ることができ，さらに求核試剤を変化させるとアジド化合物の生成反応としても利用可能であった（図 3.71）。

この事実を基盤として，さまざまな触媒がイオン液体に担持されることを見いだし，イオン液体-触媒系から成り立つ新規な反応場が開拓されている[6]。

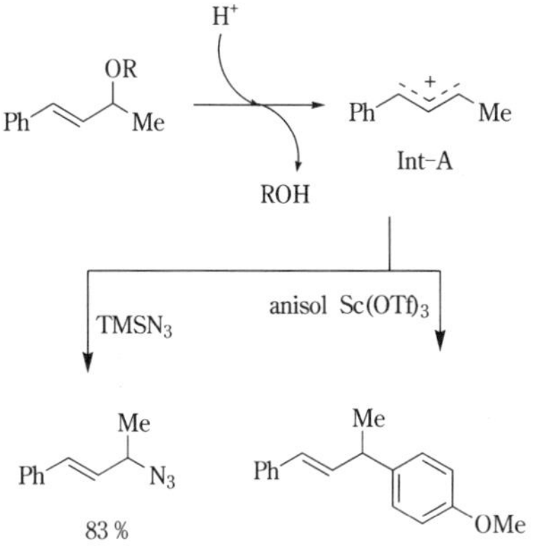

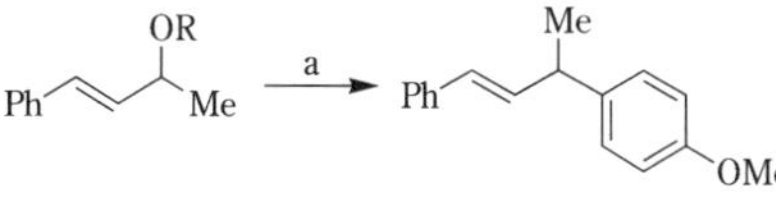

3.3 イオン液体と酸から構築される反応場　79

entry	R	yield〔%〕
1	H	55
2	Ac	86
3	MOM	66
4	TBS	78
5	TBS　cycle 2：	88
6	TBS　cycle 3：	84
7	TBS　cycle 4：	84
8	TBS　cycle 5：	85

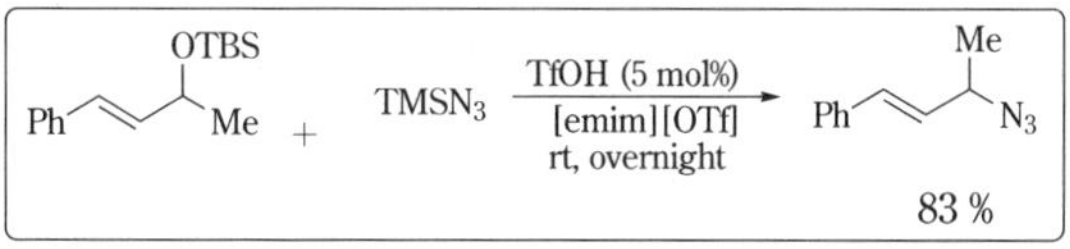

図3.71　カルボカチオン経由のアリル化反応

3.3.1　ルイス酸の担持された系

イオン液体はルイス酸との親和性も大きく，反応終了後，エーテルなどで基質と生成物を抽出してもルイス酸はイオン液体中に保持されたままであり，**図3.72**に示すように5回繰返し反応を行っても回収した反応場に反応基質を再度添加することによりスムーズに反応を進行させ，収率も低下しないことを見いだしている．さらに，イミンを単離することなくワンポット(one-pot)で反応を完結することができ，反応場としても繰返し使用することができる．

さらに，Diels-Alder反応ではイオン液体や触媒の種類により立体選択性が変化することが報告されているので，つぎに，アザ-Diels-Alder反応を行った（**図3.73**）．

この反応系では，中間体のイミンを単離することなくアミンとアルデヒド類からone-pot反応系で行うことができ，繰返し使用しても収率，選択性に変化

3. 溶剤としてのイオン液体

^{a} [emim][OTf]-M(OTf)$_3$ (10 mol%), rt, 3 h

use of Sc(OTf)$_3$

cycle	yield〔%〕
1	95
2	93
3	96
4	92
5	95

use of Yb(OTf)$_3$

cycle	yield〔%〕
1	95
2	93
3	93
4	96

one-pot 反応

cycle	1	2	3
yield〔%〕	99	99	97

図 3.72　金属触媒の利用例

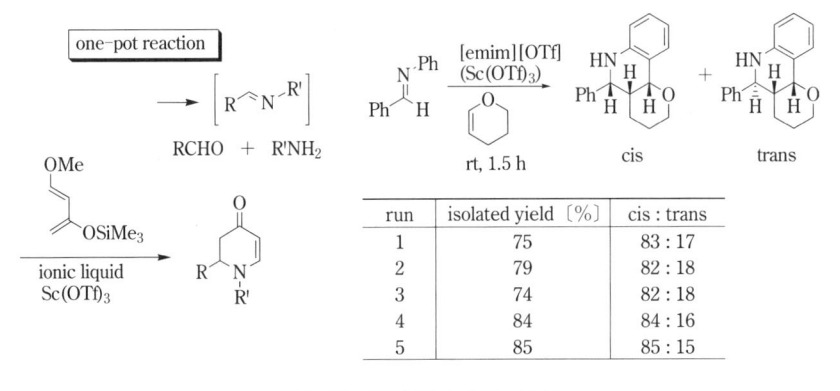

run	isolated yield〔%〕	cis : trans
1	75	83 : 17
2	79	82 : 18
3	74	82 : 18
4	84	84 : 16
5	85	85 : 15

図 3.73　アザ-Diels-Alder 反応

なく利用できる反応場であることから，グリーンケミストリー的立場からは興味深い反応場であることを明らかにすることができた．しかしながら，立体選択性は低くイオン液体の電荷分布が影響しているのではないかと推察される結

果が知られている[6]。

また，イオン液体の特徴の一つに化学的・熱的安定性をあげることができる。このことを利用すれば，酸化反応なども比較的容易に繰返し行うことができる。酸化剤として過安息香酸(mCPBA)を用いる Baeyer-Villiger 反応では，反応終了後にエーテルで生成物と過剰の過安息香酸を抽出したのち，亜硫酸ナトリウム水溶液で過安息香酸を洗浄除去すれば生成物が得られ，回収したルイス酸を含む反応場を再使用することができる（図 3.74）。

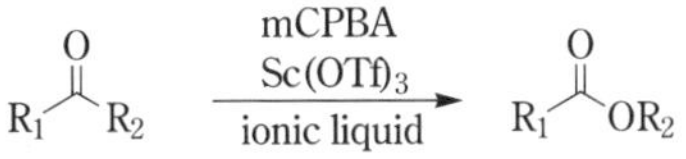

entry	substrate	product	ionic liquid	yield [%]	entry	substrate	product	ionic liquid	yield [%]
1	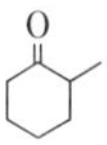	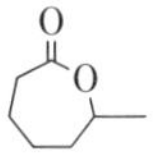	[emim][OTf]	74			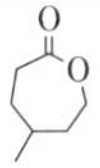		
2			[bmim][PF$_6$]	27	6			[emim][OTf]	65
3			[bmim][BF$_4$]	44					
4			[EtDBU][OTf]	no reaction		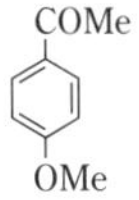			
5	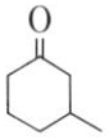	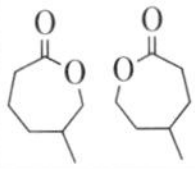	[emim][OTf]	75 (mixture)	7			[emim][OTf]	71

図 3.74 イオン液体中での Baeyer-Villiger 酸化

再使用の回数も 9 回ほど繰り返しても収率にはなにも影響がない。反応条件を変えるとエポキシ化反応も容易に進行するが，使用するイオン液体の種類によっては収率にばらつきがあり，また不斉エポキシ化反応は成功していない[6]。

3.3.2 Morita-Baylis-Hillman 反応

エノラートのカルボニル基への求核反応の一種として知られている Morita-Baylis-Hillman 反応では，カルボニル基やシアノ基などで活性化された α,β-不飽和化合物に三級アミンを付加させることによりエノラートを生成させ，低温で反応を行うのが一般的である。

通常はアセトニトリルなどの極性溶媒が使用されているが，反応速度が遅い

のが欠点であり，高圧下で反応を行ったりルイス酸を触媒として使用することにより反応の促進を図っている。

イオン液体 [bmim][PF_6] や [bmim][BF_4] などをこの Morita-Baylis-Hillman 反応で用い，三級アミンとして DABCO を使用し $α,β$-不飽和エステルを活性化したのち各種のアルデヒド類と反応させている例が報告されている。

アクリロニトリルを基質として用いイオン液体-$Sc(OTf)_3$ を反応場として使用する Morita-Baylis-Hillman 反応を行い高収率で目的物を得ており，アセトニトリル溶媒ではほとんど反応しないケースでもこのイオン液体-$Sc(OTf)_3$ 反応場ではスムーズに反応していることが比較反応から明らかである（**図 3.75**）[6]。

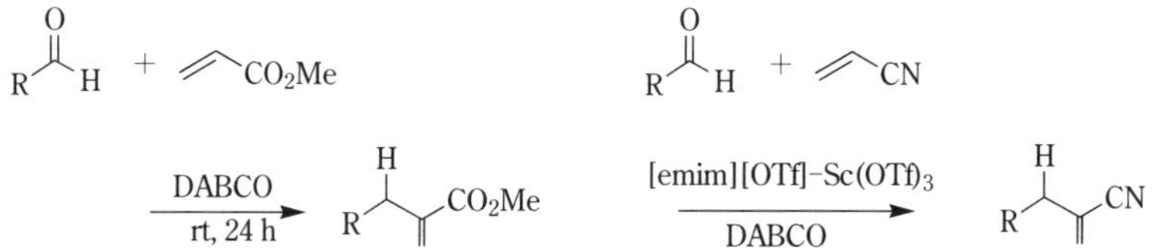

R	solvent	yield〔%〕
Ph	MeCN	35
	neat	68
	[bmim][BF_4]	57
	[bmim][PF_6]	65
n-Pr	[bmim][PF_6]	20
i-Pr	[bmim][PF_6]	14

R	time〔h〕	yield〔%〕
4-$NO_2C_6H_4$	0.25	87
	1	66
Ph	6	>99
4-$MeOC_6H_4$	24	86
$Ph(CH_2)_2$	6	99
		trace*

*アセトニトリル溶媒

図 3.75 Morita-Baylis-Hillman 反応

3.3.3 マイケル付加反応

Morita-Baylis-Hillman 反応を少し変化させて，活性化された不飽和結合へのマイケル付加反応の求核試剤として利用したところ，イオン液体中においても反応はスムーズに進行し，目的とした生成物を得ることに成功している（**図 3.76**）。もちろん，この反応においても反応場は繰返し使用できることが確認されている[6]。

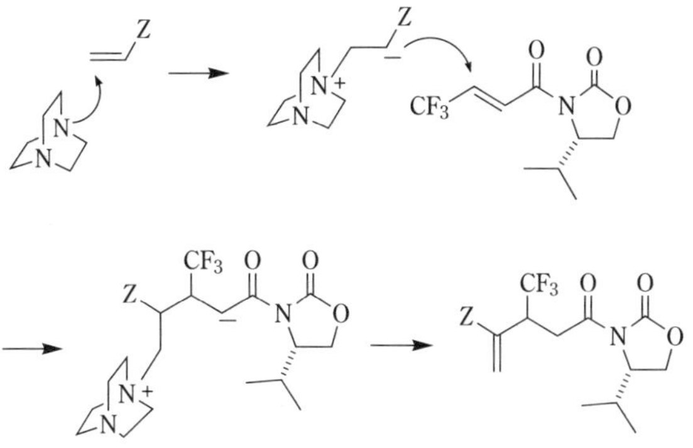

3.3 イオン液体と酸から構築される反応場

entry	Z	ionic liquid	yield〔%〕	dr[*3]
1	CN	[emim][OTf]	37	1:1
2		[emim][OTf]	25[*1]	1:1
3		[emim][OTf]	30[*2]	1:1
4		[bmim][BF$_4$]	46	1:1
5		[bmim][PF$_6$]	23	1:1
6	CO$_2$Me	[emim][OTf]	27	1:1
7	COMe	[emim][OTf]	42	55:45

[*1] 2回目　[*2] 3回目　[*3] ジアステレオマー比

図3.76　マイケル付加反応

3.3.4　金属試薬の調製と反応

イオン液体中で金属試薬は調製可能なのかという問に対して，Reformatsky型反応が試みられている（図3.77）。ハロゲン化アルキルと金属亜鉛から生成

$$\text{RCHO} + \text{BrCX}_2\text{COY} \xrightarrow[\text{Zn}]{\text{ionic liquid}} \text{RCH(OH)CX}_2\text{COY}$$

RCHO R	BrCX$_2$COY	ionic liquid	yield〔%〕
Ph	BrCF$_2$CO$_2$Et	[EtDBU][OTf]*	52
		[EtDBU][OTf]	76
	BrCH$_2$CO$_2$Et	[EtDBU][OTf]	63
PhCH$_2$CH$_2$	BrCF$_2$CO$_2$Et	[EtDBU][OTf]	45
	BrCH$_2$CO$_2$Et	[EtDBU][OTf]	53

*反応温度室温，他は 50〜60 ℃

図3.77　Reformatsky 型反応

する Reformatsky 試薬 (Reformatsky reagent)はイオン液体中で調製可能であり，Reformatsky 型反応は進行するが，繰返しイオン液体を使用していると析出する塩によって収率の低下を招くことが判明した．

さらに，亜鉛試薬として汎用されるものにアルケニル亜鉛試薬があり，合成法も簡便である（図 3.78）。イオン液体中で，このアルケニル亜鉛試薬も容易に合成でき，アルデヒド類と容易に反応して目的の生成物を与える。これらの亜鉛試薬は反応終了後は水と反応して目的物へ変換されると考えられるが，この種の亜鉛試薬との反応では，後処理として水を使用していない。しかしながら，市販エーテルで抽出しているためにエーテル層に含まれる水が作用していると考えられる。イオン液体の水分含有量についての報告もあり，完全にイオン液体を脱水することは不可能と考えられる。

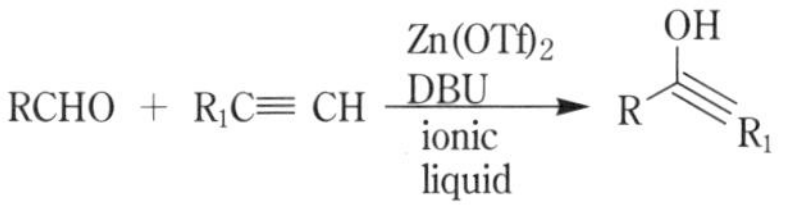

$$RCHO + R_1C\equiv CH \xrightarrow[\text{ionic liquid}]{\text{Zn(OTf)}_2, \text{DBU}} R\underset{R_1}{\overset{OH}{\diagup}}$$

R	$R_1C\equiv CH$ R_1	ionic liquid	yield [%]
Ph	Ph	[EtDBU][OTf]	47
		[bmim][BF$_4$]	59
		[bmim][PF$_6$]	35
	C$_4$H$_9$	[EtDBU][OTf]	51
	C$_6$H$_{13}$	[EtDBU][OTf]	75
PhCH=CH	Ph	[EtDBU][OTf]	55

図 3.78　アルケニル亜鉛試薬

3.3.5　Hörner-Wadsworth-Emmons 反応

イオン液体 [bmim][BF$_4$] 中での Wittig 型反応が報告されている。各種のリン試薬にアルデヒド類を反応させることにより高い E 体選択性で相当するオレフィン類が合成でき，応用範囲が広いことが知られている。

モノフルオロオレフィンの合成は，新規なイオン液体 [EtDBU][OTf] や [MeDBU][OTf] などを用い DBU や炭酸カリウムを塩基として使用することに

より室温で簡便に行うことができ，溶媒を数回繰返し利用しても収率の低下を起こさないことが報告されている。この系では，塩基を DBU から K_2CO_3 に変えると E/Z の生成比が逆転するが，この選択性の発現には K^+ と $[DBUH]^+$ のかさ高さの相異が関係していると推定される（図 3.79）[6]。

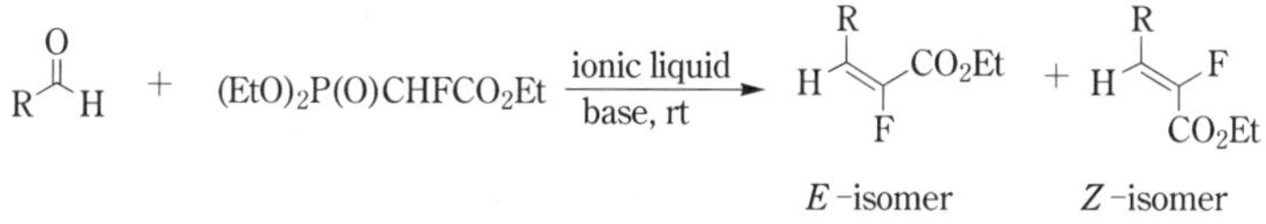

$$R\text{-}CHO + (EtO)_2P(O)CHFCO_2Et \xrightarrow[\text{base, rt}]{\text{ionic liquid}} \underset{E\text{-isomer}}{\overset{R}{\underset{F}{>}}\!=\!\overset{CO_2Et}{\underset{H}{<}}} + \underset{Z\text{-isomer}}{\overset{R}{\underset{CO_2Et}{>}}\!=\!\overset{F}{\underset{H}{<}}}$$

entry	RCHO	ionic liquid	base	yield [%]	E/Z ratio
1	PhCHO	[EtDBU][OTf]	K_2CO_3	74	73:27
2	PhCHO	[EtDBU][OTf]	DBU	81	35:65
3	PhCHO	[MeDBU][OTf]	K_2CO_3	68	69:31
4	PhCHO	[MeDBU][OTf]	DBU	70	39:61
5	PhCHO	[emim][OTf]	DBU	79	35:65

図 3.79 Hörner-Wadsworth-Emmons 反応

3.3.6 高温下でのいくつかの反応

イオン液体の特徴として熱安定性をあげることができるが，この性質を利用した高温下での反応がいくつか報告されている。中でも 200 ℃ という高温で反応を行うクライゼン転位反応では，転位生成物がさらに金属触媒下で分子内環化したベンゾフラン系物質が最終生成物であった。確かにこの反応系では，クライゼン転位生成物を基質として同様な条件下で反応を行うとベンゾフラン系物質が生成することが明らかであった。このドミノ型反応と称される形式の反応では，基質として置換アリル化合物を用いると，基質 2 分子から生成したと推察される物質が得られる（図 3.80）。

Heck 反応においても基質として用いるハロゲン化合物がヨウ素化物の場合には室温で反応が進行するが，臭素化物へと基質を変化させると反応性が低下するため，反応温度を 140 ℃ という高温下で行うことが必要となるが，この温度でもイオン液体は安定であり，回収後再使用することが可能である。このときには，有機相，水相，触媒を担持したイオン液体相という三相構造をとって

図 3.80　高温下でのドミノ反応

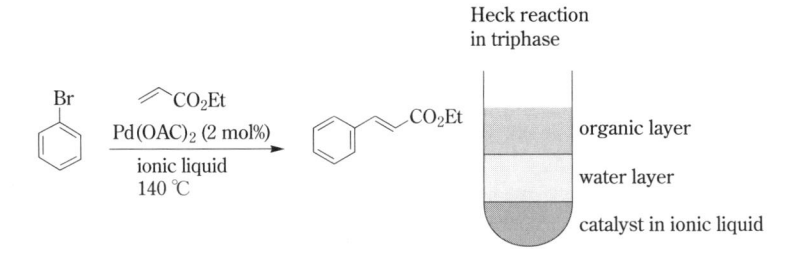

図 3.81　高温下での Heck 反応

いることが知られている（**図 3.81**）。

3.3.7　有機分子触媒系

　立体制御を行いながら炭素-炭素結合形成反応を行うことは有機合成化学の重要な課題点であり，酵素によるアルドール反応はその一つの例である（**図 3.82**）。この酵素アルドール反応を化学的に行うための有機不斉分子触媒としてL-プロリンが利用されている。有機不斉分子触媒-イオン液体反応場の構築を目的としてL-プロリンを触媒として利用する不斉合成法が知られている。まず，L-プロリンとアセトン誘導体から生成させた反応種を利用したアルドール型

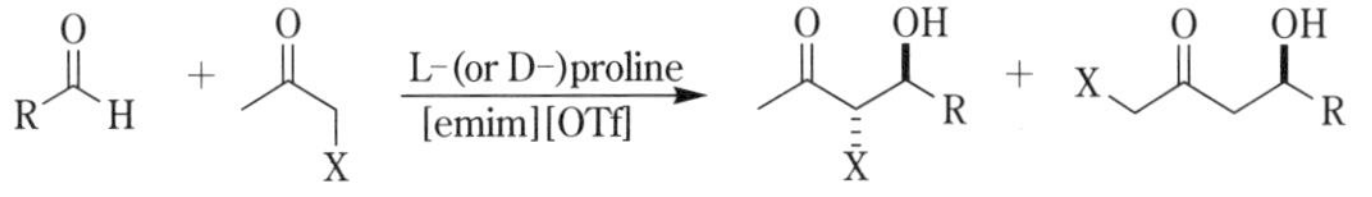

3.3 イオン液体と酸から構築される反応場

$$R-CHO + \underset{X}{CH_3COCH_2} \xrightarrow[\text{[emim][OTf]}]{\text{L-(or D-)proline}} \underset{\underset{X}{|}}{CH_3CO-CH-CH(OH)-R} + X-CH_2CO-CH_2-CH(OH)-R$$

$$\qquad\qquad\qquad\qquad\qquad\qquad 1 \qquad\qquad\qquad\qquad 2$$

entry	RCHO	X	proline (50 mol%)	yield [%] 1	yield [%] 2	dr of 1	% ee 1	% ee 2
1	PhCHO	Cl	L-	21		81 : 19		
2		Cl	D-	27		79 : 21		
3	4-CF$_3$C$_6$H$_4$CHO	Me	L-	68	29	>99 : 1<	88	>98
4		Me		64	39	>99 : 1<	86	88
5		Cl	L-	68		83 : 17		
6		Cl	L-	86		85 : 15		
7		Cl	D-	61		85 : 15		
8		F	L-	41	41	78 : 22		
9		OMe	L-	71	20	75 : 25		
10		OH	L-	91		50 : 50		
11	4-FC$_6$H$_4$CHO	Cl	L-	45		78 : 22		
12		Cl	D-	22		72 : 28		

図 3.82 L-プロリン-イオン液体中でのアルドール反応

反応では,基質として用いるアセトン誘導体に依存していることが多い。例えば,エチル=メチル=ケトンを用いると高い光学純度で立体制御を行うことができるが,アセトンではラセミ体が生成してくる。

さらに,クロロアセトン以外のハロゲン化アセトンでは,位置および立体選択性ともに制御が不可能である。クロロアセトンから生成したハロヒドリンを中間体として光学活性なエポキシ化合物へと変換できることも知られているが,光学純度は 70 % ee 程度であり,物質創製としては満足できる光学純度ではない(図 3.83)。

基質にアルデヒド類を用いてプロリンと反応させたときに形成される反応中間体は,マイケル付加反応を容易に進行させることが知られている(図 3.84)。この反応では,受容体の LUMO エネルギーが低下し,求核剤の攻撃を受けやすくなっていることが必要であり,このためにある種のフッ素系物質が基質として用いられている。

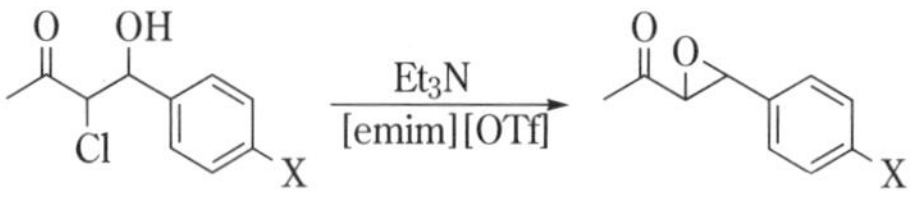

entry	X	dr of 1(proline)	yield of 2 [%]	% ee
1	H	81 : 19 (L)	69	78
2		65 : 35 (D)	75	70
3	F	69 : 31 (L)	66	68
4		58 : 42 (D)	76	65
5	CF_3	55 : 45 (L)	81	75
6		64 : 36 (D)	83	69
7	NO_2	61 : 39 (L)	48	67
8		61 : 39 (D)	79	70

図 3.83 光学活性なエポキシ化合物

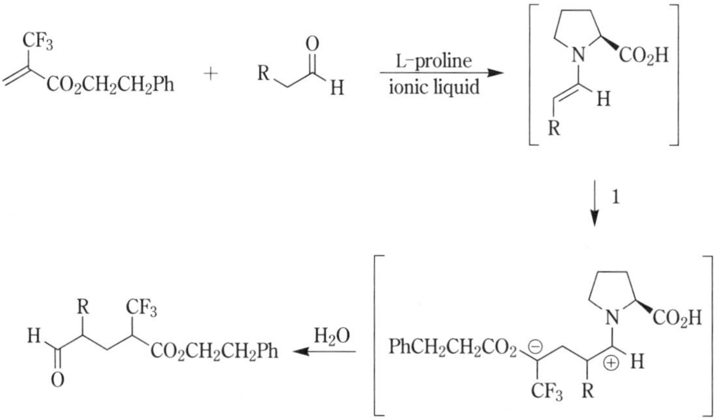

R	yield [%]
CH_3	77
$CH_3CH_2CH_2$	66
$(CH_3)_2CH$	65
Ph	43
$PhCH_2$	69

図 3.84 プロリン触媒によるマイケル付加反応

3.3.8 ニコチン由来の光学活性なイオン液体

天然に存在するニコチン由来の光学活性なイオン液体の調製も知られている（図 3.85）。ハロゲン交換法を用いる合成法の一段階目で得られるニコチンの臭素塩は固体である。しかしながら，$LiNTf_2$ でアニオン交換を行うと，粘度は高いものの，0 ℃ でも液状のニコチン由来のイオン液体が得られた。$^{13}C\ NMR$ の測定結果をニコチンと比較したところ，ピロリジン環のシフト値はほとんど変化しておらず，変化が認められたのはピリジン環の三つの炭素原子のシフト値であり低磁場へ 5～8 ppm 程度移動していた。

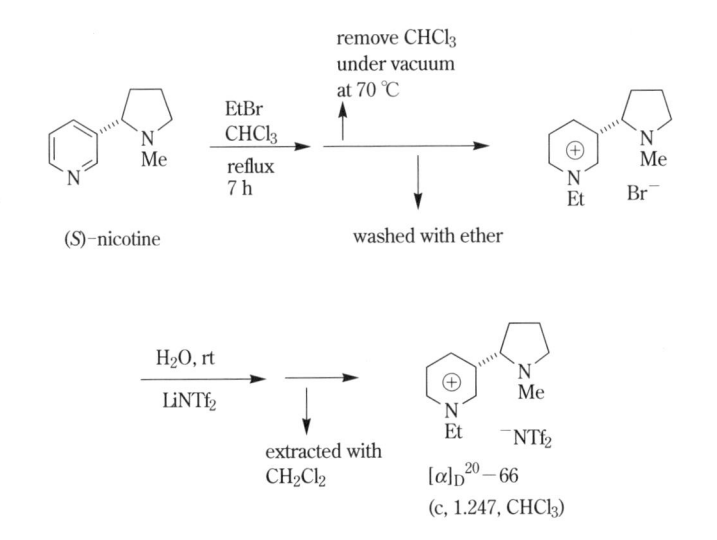

図 3.85 光学活性なイオン液体

この結果から，エチル基はピリジン環の窒素原子上に結合していると確認されている。旋光度は，$-66\ (c,\ 1.247,\ CHCl_3)$ であり，構造決定は図 3.86 に示す NMR のデータを用いて決定した。

合成されたイオン液体 [Et・(S)-nicotine]NTf_2 を Diels-Alder 反応の反応溶媒として使用したところ，期待したとおりに，良好な収率で目的生成物が得られたが，比旋光度を測定したところ，その値は小さなものであり，不斉反応場とし

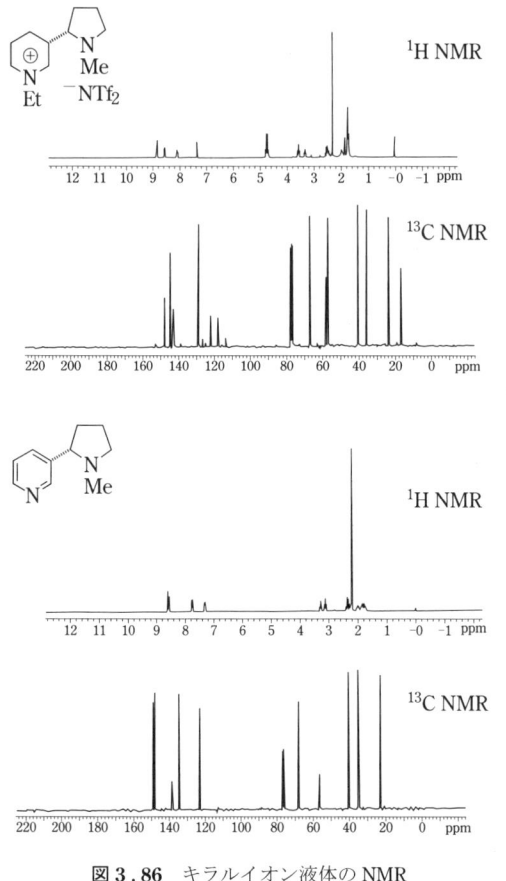

図 3.86　キラルイオン液体の NMR

ての機能発現は認められなかった。

　このニコチン由来のイオン液体が通常のイオン液体と異なる点は，フリーの三級アミノ基を有する点である．この三級アミノ基は塩基性触媒として機能する（図 3.87）．

　例えば，ジエン体に 3-ヒドロキシ-2 ピロンを用いて Diels-Alder 反応を行うと，ルイス酸が基質に結合することにより，基質の HOMO のエネルギー準位が低下し反応が進行しないことが知られている．しかしながら，塩基は容易にジエン体のフェノール性水酸基の水素原子を引き抜き，オキシアニオンを生成

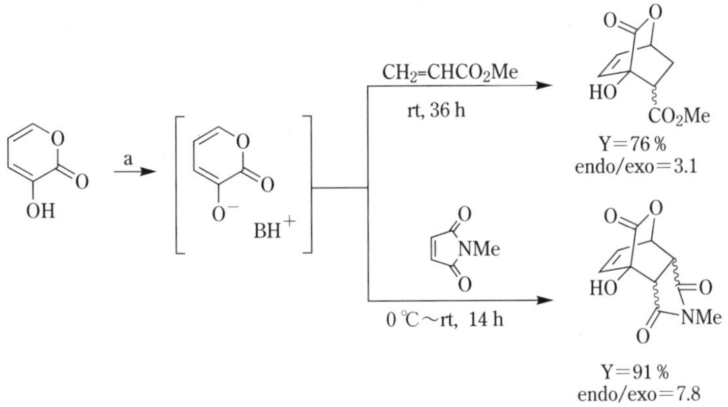

図 3.87 塩基性触媒としての機能発現

させ，基質ジエンの HOMO のエネルギー準位を上昇させることにより反応を容易に進行させる。また，ジエノフィルとしてアクリル酸メチルを用いると，高収率でエンド/エキソ比 3.1 の目的化合物を生成する。この反応を通常のイオン液体 [emim][NTf$_2$] 中で行うと反応が進行しない。

この結果から，ニコチン由来のイオン液体の塩基性触媒という特性が明らかである。しかしながら，塩基性触媒としてシンコニジンを使用した場合には光学純度が 74 % ee でエンド体が得られているが，ニコチン由来のイオン液体の場合には 3.5 % ee の純度の生成物しか得られていない。

両者の相違としては，シンコニジンにはアミノ基のみならず水酸基も存在しており，この水酸基が基質のカルボニル酸素と水素結合するために高い光学純度で生成物が得られている点である。

光学活性なイオン液体の合成例はこのほかにもいくつか知られているが，いずれの場合でも光学活性なアミン類を出発物質として利用しており，その化学的性質や物性，不斉反応場としての有用性などについては上記に述べた以外は知られていない（図 3.88）。

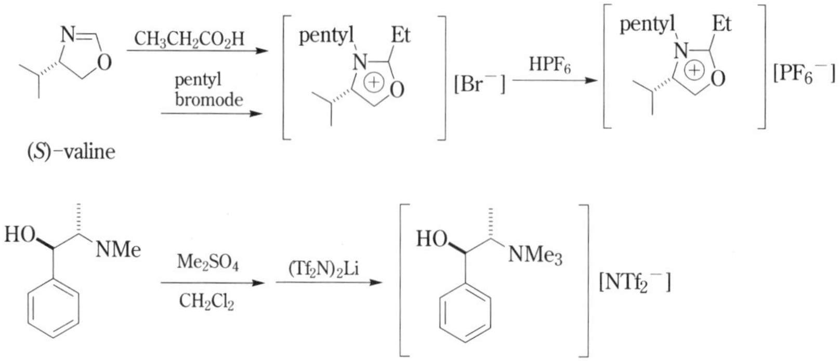

図 3.88　いくつかの光学活性なイオン液体

3.3.9　抗体酵素を触媒として利用する反応場

有機溶媒中での酵素機能発現と同様にイオン液体中での抗体酵素の機能発現についても知られている（図 3.89）。

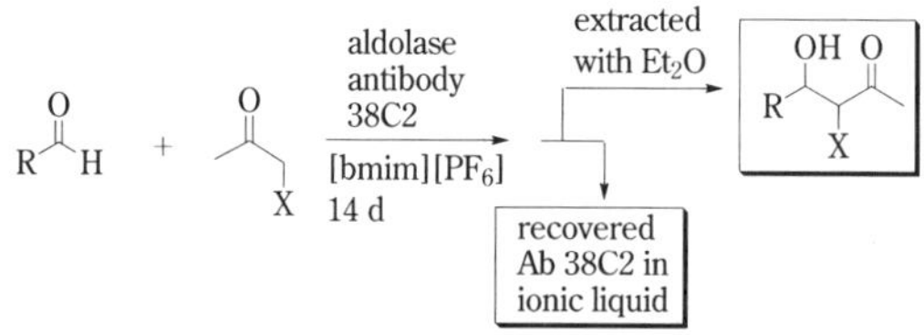

entry	RCHO	X	ionic liquid	conversion 〔%〕	dr
1	4-$CF_3C_6H_4$CHO	OH	[bmim][PF_6]	21　　(59)[*1]	37:63
2				89[*2]	42:58
3				66[*3]　(75)	36:64
4				46[*4]　(58)	35:65
5		OH	[emim][OTf]	56	69:31
6	3-$CF_3C_6H_4$CHO	OH	[bmim][PF_6]	17　　(33)	42:58
7				45[*2]　(95)	29:71
8				22[*3]　(40)	29:71

[*1] 収率, [*2] 2回目, [*3] 3回目, [*4] 4回目

図 3.89　抗体酵素の機能発現の変化による選択性の発現

アルドール反応は，基質選択性が非常に高くヒドロキシアセトンのみが基質として反応することが知られている。また，立体選択性は低く，反応基質とし

てのアルデヒド類にも制約が大きくかかっている[6]。

ヒドロキシアセトンから生成する反応中間体は，活性化されたフッ素系イミンと容易に反応するが，フッ素系イミンの特異的な反応性に大きく反応経路が左右され，生成物は予想されたものとは異なるものが得られた（**図3.90**）。

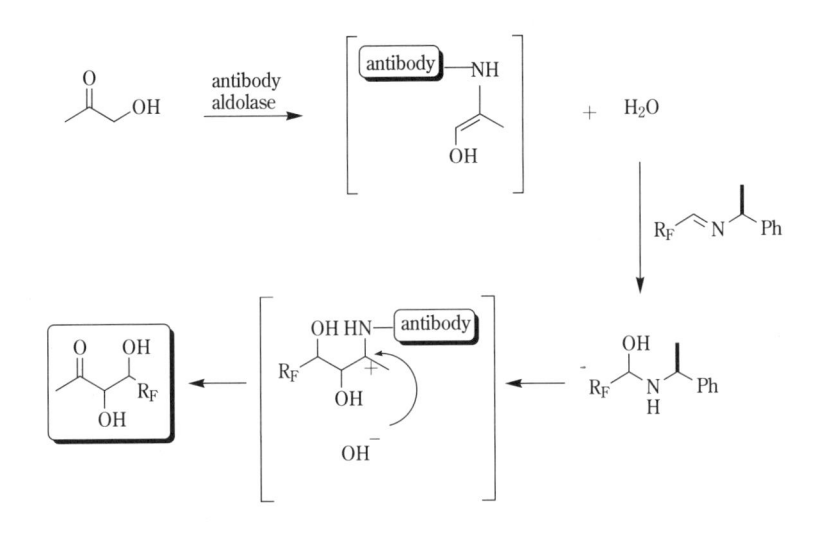

フッ素系物質の合成

entry	R_F	yield〔%〕	dr
1[*1]	CF_3	75	76:24
2[*2]	CF_3	73	74:26
3[*3]	CF_3	68	79:21
4[*1]	CHF_2	54	56:44
5[*2]	CHF_2	51	53:47

[*1]1回目，[*2]2回目，[*3]3回目

図3.90 antibody 38C2 を用いる反応

3.3.10 フッ素化反応

アミノ基のジアゾニウム化と熱分解を経る Balz-Schiemann 反応は，アミノ基のフッ素への変換反応として知られているが，イオン液体の耐熱性という性質が生かされイオン液体中でもこの反応は進行し，目的とするフッ素化合物が合成されている（**図3.91**）。

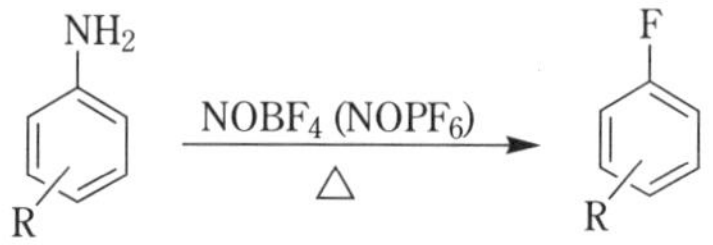

$$\underset{R}{\text{C}_6\text{H}_4\text{-NH}_2} \xrightarrow[\triangle]{\text{NOBF}_4\ (\text{NOPF}_6)} \underset{R}{\text{C}_6\text{H}_4\text{-F}}$$

R	ionic liquid	yield [%]	temperature [℃]
p-MeO	[emim][BF$_4$]	86	120
p-NO$_2$		90	80
m-NO$_2$		95	50
o-Me	[emim][OTf]	94	70

図3.91 Balz–Schiemann 反応

さらに，イオン液体中でKFやCsFをフッ素化剤として使用するフッ素化反応では，副生成物としてオレフィンが生成することが知られている（図3.92）。

$$\text{RX} + \text{MF} \xrightarrow{\text{[bmim][PF}_6\text{]}} \text{RF}$$

RX	MF	T [℃]	conv. [%]	RF [%]	others [%]
PhCH$_2$Br	CsF	20	63	PhCH$_2$F (47)	
n-C$_8$H$_{17}$Br	CsF	20	17	n-C$_8$H$_{17}$F (12)	n-C$_6$H$_{13}$CH=CH$_2$ (3)
n-C$_8$H$_{17}$Br	2CsF	80	76	n-C$_8$H$_{17}$F (65)	n-C$_6$H$_{13}$CH=CH$_2$ (11)
C$_6$H$_{13}$CHBrCH$_3$	CsF	70	38	C$_6$H$_{13}$CHFCH$_3$ (3)	C$_5$H$_{11}$CH=CGCH$_3$ (13)
PhCOCl	CsF	20	74	PhCOF (40)	

図3.92 MFを用いるフッ素化反応

フッ素化剤としてDFIを利用してもフッ素化反応を行うことができる（図3.93）。

特に，光学活性なエポキシアルコールのフッ素化により光学活性なフッ素化エポキシ化合物を合成することができることも知られている（図3.94）[6]。

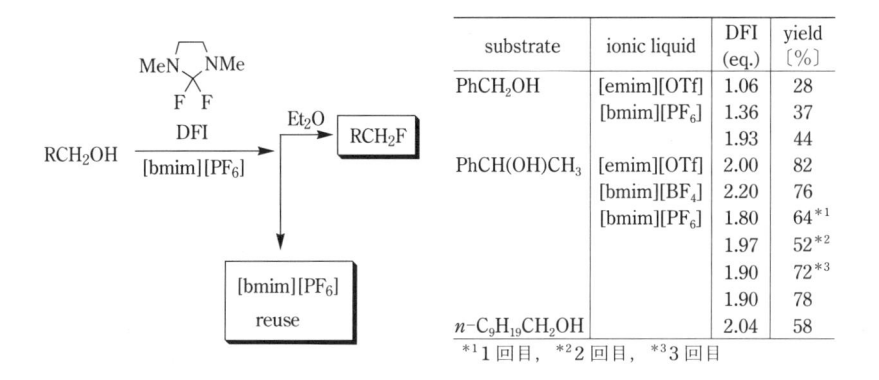

3.3 イオン液体と酸から構築される反応場　95

substrate	ionic liquid	DFI (eq.)	yield [%]
PhCH$_2$OH	[emim][OTf]	1.06	28
	[bmim][PF$_6$]	1.36	37
		1.93	44
PhCH(OH)CH$_3$	[emim][OTf]	2.00	82
	[bmim][BF$_4$]	2.20	76
	[bmim][PF$_6$]	1.80	64[*1]
		1.97	52[*2]
		1.90	72[*3]
		1.90	78
n-C$_9$H$_{19}$CH$_2$OH		2.04	58

[*1]1回目, [*2]2回目, [*3]3回目

図3.93　DFIを用いるフッ素化反応

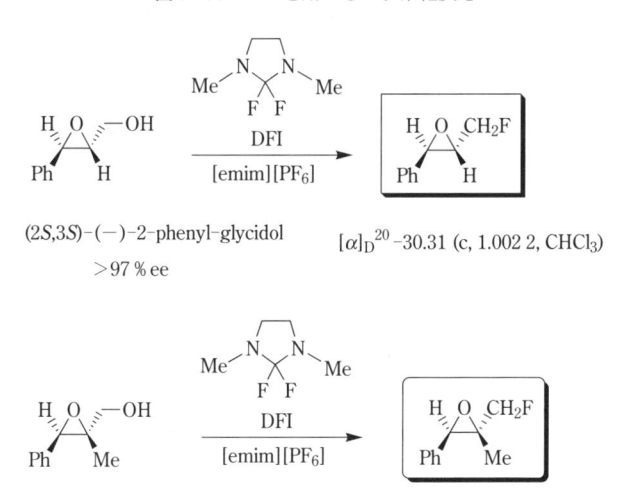

(2S,3S)-(−)-2-phenyl-glycidol
＞97％ee

$[\alpha]_D^{20}$ -30.31 (c, 1.002 2, CHCl$_3$)

図3.94　光学活性なフッ素化エポキシ

3.3.11　不斉シアノ化反応

イオン液体中での不斉合成はいくつか知られているが，合成化学的な立場から満足な光学純度を与える反応としては，不斉シアノ化反応がある（図3.95）。各種のアルデヒド類を基質として触媒の存在下にTMSCNを反応させ，シアノ化を行い光学純度も非常に高い不斉シアノ化合物を合成しているのが特徴である。

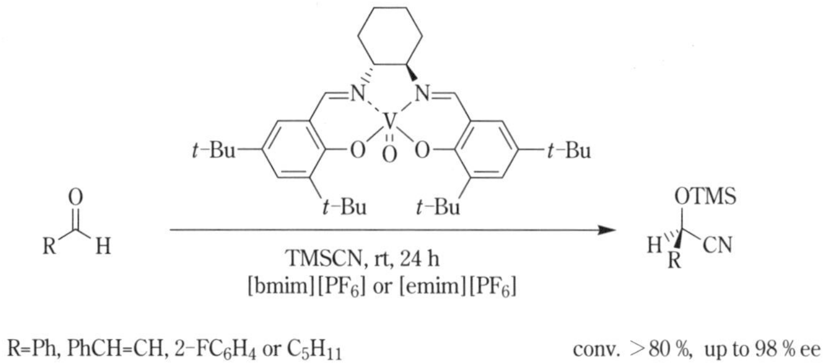

R=Ph, PhCH=CH, 2-FC$_6$H$_4$ or C$_5$H$_{11}$ conv. >80 %, up to 98 % ee

図3.95 不斉シアノ化反応

3.3.12 ヒドロホルミル化反応

増炭反応としてよく知られているヒドロホルミル化反応もイオン液体中で容易に進行することが知られている（**図3.96**）。この反応では，加熱加圧下という条件下で反応が行われているが，イオン液体の安定性が大きく寄与している。

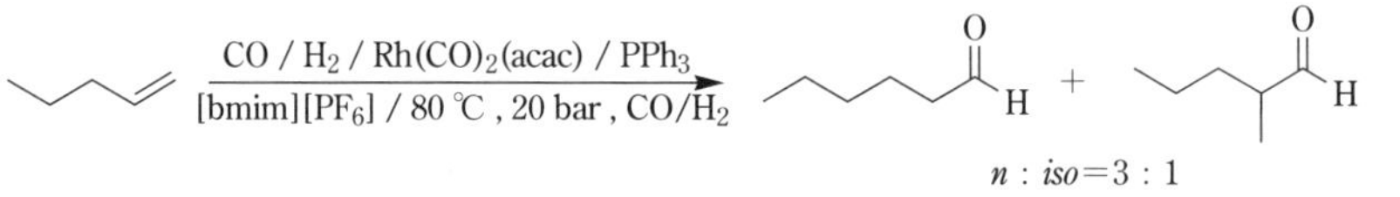

$n : iso = 3 : 1$

図3.96 ヒドロホルミル化反応

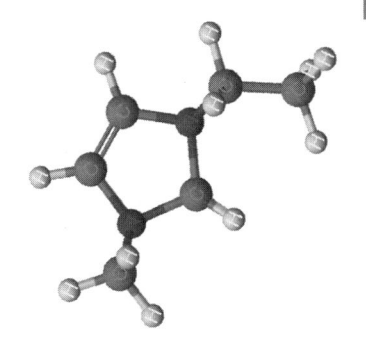

4 イオン液体中での有機電解反応

4.1 はじめに

　反応溶媒は基質を溶解させ，反応を制御する役割を担っている。有機化合物の多くが水に不溶なため有機反応には有機溶媒が用いられてきた。また，生成物の分離精製にも有機溶媒は多用されている。環境への配慮から有機溶媒の回収が今日義務づけられている。このような背景から，近年，有機溶媒の使用をできるだけ低減し，無溶媒系を指向した有機合成プロセスの開発が盛んになってきた[1]。

　有機化合物を対象にした電解反応にも有機溶媒が多用されてきた。また，メタノールや酢酸中での陽極酸化によるメトキシ化やアセトキシ化のように溶媒が反応剤を兼ねる場合も多い。水は理想的な電解溶媒であるが，水溶液系では有機化合物の溶解性の問題や水の酸化還元分解との競合などから適用範囲が制限される。有機溶媒は基質である有機化合物や支持電解質を溶解させる媒体として重要であるが，環境面や安全性に加え，利用できる電位領域（電位窓と呼ばれる）を狭くする負の要因としても働く。このため，支持塩を必要としないSPE（固体電解質）電解合成や電極触媒を利用した新しい気相電解が開発されてきた[2]。

　一方，無機電解では高温溶融塩を用いたアルミニウムの電解精錬などの無溶媒電解プロセスが古くから実用化されている。最近，室温で安定な液体となるイオン液体が大いに注目され，有機合成の反応メディアや電気化学デバイスへ

の応用が期待されている。一般に有機電解反応はイオン解離する支持電解質を含む極性有機溶媒中で行われてきた。イオンのみからなり，不揮発性，難燃性で安定かつ良好な導電性を持つイオン液体を電解メディアに利用すれば，有機溶媒を用いることなく有機電解反応が可能になるはずである。しかしながら，有機電解反応への応用は始まったばかりで報告例はまだ少ない[3]～[5]。

本章では，イオン液体の電解質としての歴史を紹介し，ついで電気化学的物性と有機電解反応への応用について解説するが，無機化合物の電解反応についても触れることにした。

4.2 電解質としてのイオン液体の歴史的背景

有機塩基と無機ブレンステッド酸からなるイオン液体の歴史は古い。1914年，Waldenによりエチルアミンの硝酸塩の融点が室温以下の12℃ときわめて低いことが報告されている。ついで，1951年に1-エチルピリジニウムブロミドと$AlCl_3$を混合すると融点が大幅に低下し，この溶融塩からアルミニウムの電析ができることが報告されている。その後，約20年を経て，1970年代後半から約10年間にわたり，おもにOsteryoungらにより1-ブチルピリジニウムクロリド[BP][$AlCl_4$]イオン液体や 1-ブチル-3-メチルイミダゾリウムクロリド[bmim][ACl_4]イオン液体の化学的および電気化学的特性が明らかにされた。これらのイオン液体は良好な導電率を有し，しかもイオン液体の組成を変えることにより酸性から塩基性へと変化させることができる。また，種々の金属の電析や二次電池への応用についても検討されたが，これらのイオン液体は空気中の水分に対して不安定なため，その取扱いにはグローブボックスなどの特殊な装置を必要とし，操作性の面から広くは普及しなかった。

1992年にWilkesらにより高い導電率を有し，かつ水分に安定で空気中で取り扱える 1-エチル-3-メチルイミダゾリウムテトラホウ酸塩[emim][BF_4]が報告されるや否や二次電池，電気二重層キャパシタ，湿式太陽電池，さらには燃料電池などへの応用研究が活発に行われるようになった。なお，欧米などの外国においてはイオン液体は有機合成や高分子合成への応用が盛んなのに対し，

わが国では電気化学デバイスへの応用研究に特化している傾向が見られる。

4.3 イオン液体の電気化学的特性

イオン液体を電解反応のメディアとして利用するには良好なイオン導電率と電解に利用できうる広い電位領域（電位窓）が必要とされる。これらの因子とイオン液体の分子構造との関係はある程度相関性があるものの単純ではない。

4.3.1 イオン液体の導電率

イオン液体はカチオンの種類によりイミダゾール系に代表される含窒素芳香族複素環カチオンや脂肪族四級アンモニウムイオンからなるものに大別され，一方，アニオンの種類によりクロロアルミナート系，含フッ素無機系，非フッ素系，含フッ素有機系，ポリフッ酸系などに分類される。**表4.1**に示すようにイオン液体は一般に良好な導電率を有するが，ポリフッ酸系のものはカチオンの種類によらず高い導電率を示す。ポリフッ化水素アニオンを除き，同じアニオンからなる種々のイオン液体の中では1-エチル-2-メチルイミダゾリウムカチオン[emim]を持つものが室温で最大の導電率を示す。また，イオン液体の導電率はイオンの移動度と関係することからイオン液体の粘性に大きく依存する。したがって，粘性の低いイオンの分子設計が肝要である。脂肪族四級アン

表4.1 イミダゾール系イオン液体の物性および電気化学的特性（25℃）

イオン液体	融点 [℃]	密度 [g·cm^{-3}]	粘度 [mPa]	導電率 [mS·cm^{-1}]	電位窓 E_{red} [V vs. Li$^+$/Li^{*3}]	電位窓 E_{ox} [V vs. Li$^+$/Li^{*3}]
[emim][AlCl$_4$]	8	1.29	18	22.6	1.0	5.5
[emim][H$_{2.3}$F$_{3.3}$]	−90	1.14	5	100	1.5	5.3
[emim][BF$_4$]	11	1.24	43	13.0	1.0	5.5
[emim][CF$_3$CO$_2$]	−14	1.29^{*2}	35^{*1}	9.6^{*1}	1.0^{*4}	4.6^{*4}
[emim][CH$_3$SO$_3$]	39	1.25	160	2.7	1.3^{*4}	4.9^{*4}
[emim][CF$_3$SO$_3$]	−10	1.38	43	9.3	1.0	5.3
[emim][(CF$_3$SO$_2$)$_2$N]	−15	1.52^{*2}	28	8.4	1.0	5.7
[emim][(C$_2$F$_5$SO$_2$)$_2$N]	−1		61	3.4	0.9	5.8
[emim][(CF$_3$SO$_2$)$_3$C]	39		181	1.7	1.0	6.0

*^{1} 20℃, *^{2} 22℃, *^{3} GC（グラッシーカーボン），1 mA·cm^{-2}, 20 mV·s^{-1}, *^{4} Pt, 50 mV·s^{-1}
〔宇恵 誠：マテリアルインテグレーション，**16** (5), p.43 (2003) より〕

モニウムイオン系のイオン液体は，イミダゾリウム系イオン液体に比べ一般に粘性が高いため導電率が低い．これに対し，ポリフッ化水素アニオンを持つイオン液体は一般に粘性が低く，後で述べる低温特性も良好である．

イミダゾール系イオン液体の分子構造と導電率の関係についてみるとイミダゾール環の N-アルキル基が大きくなると粘性が増し，導電率は急激に減少する．一方，N-アルキル基をメチル基より小さい水素に変えても対アニオンとの水素結合により粘性が増すため導電率は向上しない．イオンの移動度と粘性の積が一定となる Walden 則はイオン液体にも適用でき，イオン液体の粘度に対するモル導電率は次式に従う．

$\lambda\eta = $ 定数　（λ：モル導電率，η：粘度）

したがって，イオン液体は低粘度になるほど，一般に導電率は上昇する．当然のことながら粘性は温度によっても変化する．例えば，**図 4.1** に示すように [emim] 塩の導電率は温度に大きく依存し，特に低温になるほどイオン液体の粘度が急増するため導電率はきわめて小さくなる．これは電解液にイオン液体を

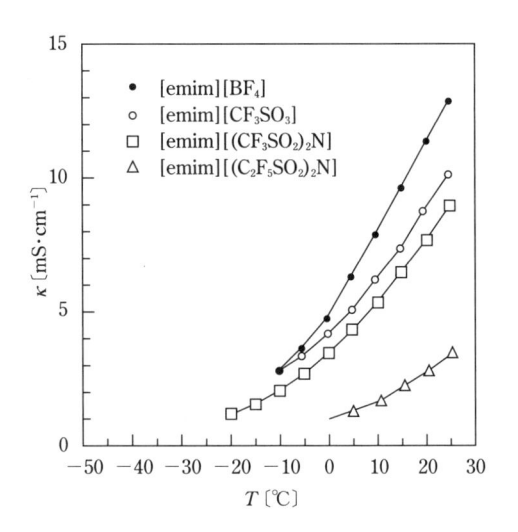

図 4.1　イオン液体の導電率の温度依存性
〔宇恵　誠：マテリアルインテグレーション，**16** (5), p.44 (2003) より〕

用いた電池やキャパシタなどの電気化学デバイスを冬期や寒冷地で使用する場合に大きな問題となることから，低温下でも良好な導電率を有するイオン液体の開発が望まれている。

4.3.2 イオン液体の電気化学的安定性（電位窓）

イオン液体は電気化学的に安定であり，イオン液体自身が酸化や還元分解を受けない電位領域，すなわち電位窓が広いことも大きな特徴である。一般に酸化に対する安定性はアニオン種に依存し，一方，還元に対する安定性はカチオン種に依存する。しかしながら，イミダゾリウムカチオンは陽性を帯びているもののBF_4^-よりもかなり酸化されやすく，イミダゾリウム塩の酸化安定性は必ずしもアニオンの酸化分解によるものではないことが示されている。有機アニオンの中ではトリフルオロ酢酸アニオンが最も酸化分解を受けやすく，$(CF_3SO_2)_2N^-$や$(CF_3SO_2)_3C^-$は難酸化性で酸化分解を受けにくい。アニオンの耐酸化性の序列は以下のようになり溶液中で測定した酸化電位の序列と一致する。

$$AsF_6^- > PF_6^- > BF_4^- > (CF_3SO_2)_3C^- > (CF_3SO_2)_2N^- > CF_3SO_3^- > CF_3CO_2^-$$

一方，還元安定性は一般にカチオン種の還元分解に依存し，脂肪族四級アンモニウムイオンの方がイミダゾリウムカチオンより還元されにくい。2-メチル置換イミダゾリウムイオンはメチル基の電子供与効果により無置換体に比べ0.3〜0.5V難還元性となる。**図4.2**に示すように脂肪族四級アンモニウムイオンと$(CF_3SO_2)_2N^-$（TFSIと略称）からなるイオン液体は約6Vもの広い電位窓を有することがわかる。

これらに対し，ポリフッ化水素塩系のものは**図4.3**に示すように，プロトンの還元が起こるため還元側の電位窓は狭いが，後述するように電解フッ素化にはこのことが有利に働く[6]。$[Et_3NH][H_2F_3]$はプロトン化されていない遊離のアミンが存在するため酸化されやすいが，$[Et_4N][H_4F_5]$や$[Et_3NH][H_4F_5]$は耐酸化性に優れており，なおかつ陰極における水素発生も起こりやすい。

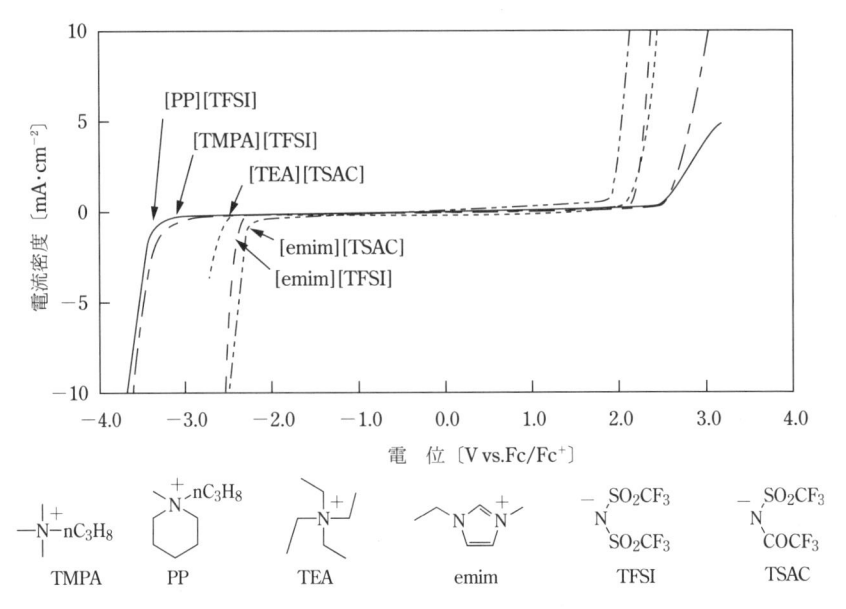

作用極：GC，温度：25 ℃，掃引速度：50 mV·s^{-1}，基準電極：フェロセン

図 4.2 種々のイオン液体中でのリニアスイープボルタモグラム
〔松本 一：マテリアルインテグレーション，**16** (5), p.29 (2003) より〕

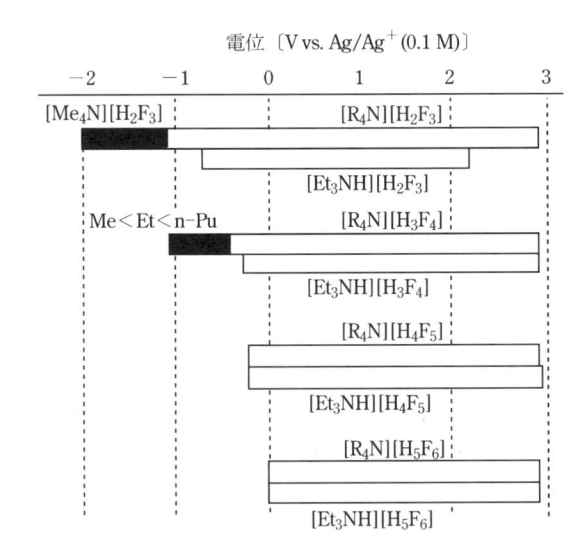

図 4.3 ポリフッ化水素塩系イオン液体の電位窓

4.4 イオン液体中でのボルタンメトリー

4.4.1 クロロアルミナート系イオン液体中でのボルタンメトリー

Osteryoungらにより系統的な研究がなされている。前述したようにクロロアルミン酸系イオン液体はその組成比により，塩基性から中性を経て酸性へと変化することから，彼らは3種の液性条件下で種々のキノン類やフェロセン誘導体のサイクリックボルタモグラム挙動について調べた。テトラクロロベンゾキノン（クロラニル，Q）は塩基性 N-ブチルピリジニウムクロリド [BP][AlCl$_4$] 中でクロラニルの1電子あるいは2電子還元中間体が錯形成する（図 4.4）。塩基性イオン液体 [BP][AlCl$_4$] のカチオン自身は電解還元により二量化し，最終的には相応するビオローゲン誘導体のモノカチオンラジカルを与えることが示されている。

$$Q + e \rightleftarrows Q^{\cdot -}$$
$$Q^{\cdot -} + AlCl_4^- \rightleftarrows Q^{\cdot -}(AlCl_3) + Cl^-$$
$$Q^{\cdot -}(AlCl_3) + e \rightleftarrows Q^{-2}(AlCl_3)$$

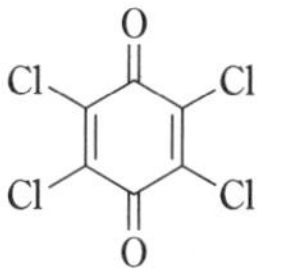

図 4.4 [BP][AlCl$_4$] イオン液体中でのクロラニルの電解還元

また，塩基性 3-エチル-1-メチルイミダゾリウムクロリド [emim][AlCl$_4$] (1：0.8) 中でテトラチオフルバレン (TTF) を，白金陽極により定電位電解酸化すると赤紫の導電性の TTF 塩が析出することが見いだされている。さらに，フェロセン (Fc) は [BP][AlCl$_4$] 中で塩基性，中性，弱酸性の範囲で式量酸化還元電位($E^{o'}$)は変化せず−0.340 V vs. Ag$^+$/Ag（0.25 V vs. Al 電極）を示すことも明らかにされた。中性塩中では Fc，Fc$^+$ ともに安定であるが，Fc$^+$ は塩基性下では Fc と FeCl$_4$ に分解する。このほか，[Ru(bipy)$_3$]$^{3+}$ などのさまざまな遷移金属錯体のサイクリックボルタンメトリー (CV) 測定が [emim][AlCl$_4$] 中で行われている。

4.4.2 非クロロアルミナート系イオン液体中でのボルタンメトリー

35年も前にMITのグループにより[Hex$_4$N][PhCO$_2$]中で有機化合物のボルタンメトリーが試みられている。滴下水銀陰極によるフマール酸，ベンゾフェノン，アントラセン，β-ナフトールの半波電位はそれぞれ -0.50，-1.42，-1.7，-2.3 V(vs. AgCl/Ag)であった。Osteryoungらは[emim][BF$_4$]中でフェロセンとTTFのCV挙動を調べ，フェロセン(Fc)が可逆な酸化還元波を示すこと，Fc，Fc$^+$両者ともこの系で化学的に安定であることを明らかにしている。またこのイオン液体中でTTF/TTF$^+$/TTF^{2+}の可逆な酸化還元波が観測され，CVの掃引速度を遅くするとオレンジ色の導電性の[TTF]塩が生成することから，有機導電体の合成にこの系が利用できる可能性が示された。

イオン液体を有機化合物のCV測定のメディアとして用いると，観測される酸化還元波は一般に小さくなる。これはイオン液体の粘性が高いため基質の拡散係数が小さくなるためである。例えば[bmim][BF$_4$]中でのNi(II)(salen)錯体の拡散係数は1.8×10^{-8} cm^2/sと0.1 M Et$_4$NClO$_4$/DMF中に比べ1/500以下と小さい。水分を含む[bmim][BF$_4$]中でのメチルビオローゲンの拡散係数が乾燥状態のものに比べ10倍ほど大きくなることも示され，イオン液体中の水分がボルタンメトリーに大きな影響を与えることが明らかにされている。

さらに注目すべきことに前述のNi(II)(salen)錯体の酸化還元電位がイオン液体[bmim][BF$_4$]中では四級アンモニウム塩を含むDMF中よりも80〜90 mV貴側にシフトする。また，この錯体がイオン液体中でEt–IやFCl$_2$C–CClF$_2$(フロン113)の電解還元脱塩素化のメディエーターとなりうる可能性が示されている。

筆者らもCo(II)(salen)錯体がイオン液体によく溶け，図 4.5 に示すように可逆な酸化還元波を示し，この系に有機ハロゲン化合物を添加すると還元波が増大し，一方，酸化波が消失することから，Co(II)(salen)錯体が有機ハロゲン化合物の還元的脱ハロゲン化のよいメデイエーターとして機能することを見いだしている。

Fryによりイオン液体が有機化合物の電子移動に大きく影響を与える興味深い報告がなされている。すなわち，p-ジニトロベンゼンはBu$_4$NBF$_4$/MeCN中

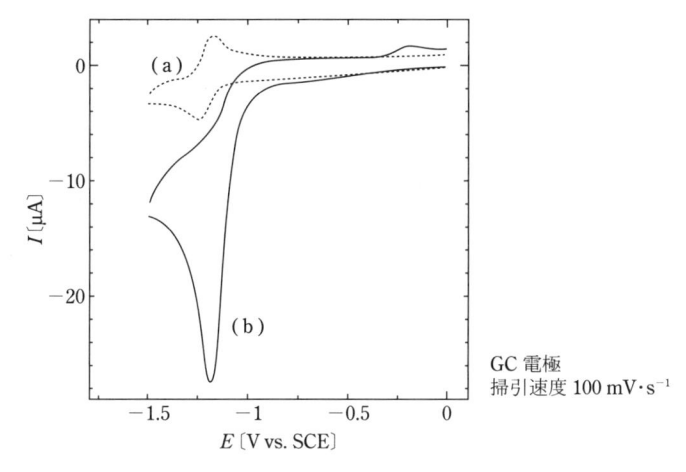

4.4 イオン液体中でのボルタンメトリー

(a) 3 mM Co(salen)
(b) 3 mM Co(salen) + 5 mM 2,3-ジブロモ-1,2,3,4-テトラヒドロナフレタン

図 4.5　[bmim][BF$_4$] 中でのサイクリックボルタモグラム

では二つの1電子還元波（-1.08 V, -1.28 V vs. Ag/0.1 MAg$^+$）を示すが，イオン液体 [bmim][BF$_4$] 中では第2波目のピークが第1波目のピークと重なり，一つの2電子還元波を与える。この劇的な変化はイミダゾリウムカチオンがジニトロベンゼンのジアニオンと強固なイオン対を形成し安定化するためと説明されている。

しかしながら，筆者らはイミダゾリウムカチオンの2位の水素をメチル基で置換したイオン液体中ではこのような第2波目のシフトが観測されないことから，イミダゾリウムカチオンの2位の水素とジニトロベンゼンのジアニオンとの水素結合に起因することを明らかにした。

溶媒のドナー性，アクセプター性は極性とともに溶媒の特性として重要なものであるが，最近，イオン液体のドナー性，アクセプター性に関する研究も行われている。

4.5 イオン液体中での有機電解合成

4.5.1 α-アミノ酸の電解合成

イオン液体ではないが，Weinberg らは有機電解用支持電解質として常用される $[Et_4N][p\text{-}TsO]$ 塩が 120 ℃ で液体となり良好な導電性 (10^{-2} S/cm at 140 ℃) を有し，広い電位窓（水銀電極，$0.0 \sim -2.5$ V vs. Ag/Ag^+，白金電極，$+4.0 \sim -2.5$ V）を持つことを明らかにした．彼らは，この溶融塩中で CO_2 存在下，水銀電極によりシッフ塩基の陰極還元を行い，収率 60 ％ で α-フェニルグリシン誘導体を得ている（図 4.6）．

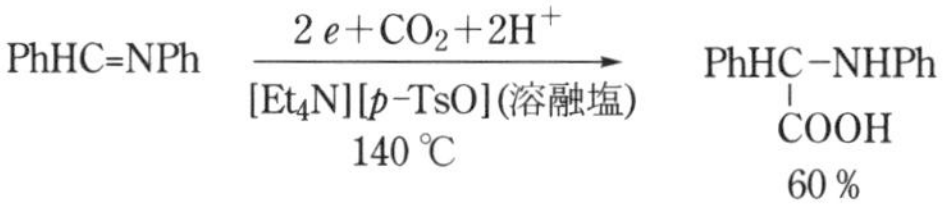

$$\text{PhHC=NPh} \xrightarrow[\substack{[Et_4N][p\text{-}TsO](溶融塩) \\ 140\,℃}]{2e + CO_2 + 2H^+} \begin{array}{c} \text{PhHC-NHPh} \\ | \\ \text{COOH} \\ 60\,\% \end{array}$$

図 4.6　溶融塩中での α-アミノ酸の電解合成

これは電気化学的 CO_2 固定による α-アミノ酸合成の最初の成功例であり，30 年も前に電解メディアに溶融塩が用いられたことは注目に値する．ただ，残念なことにこの溶融塩は繰返し利用には向かない．

4.5.2 環状カーボナート類の電解合成

CO_2 はイオン液体 $[bmim][BF_4]$ 中，銅陰極により -2.4 V vs. Ag/AgCl で還元される．陰極に銅，陽極に Mg または Al を用い，プロピレンオキシド，エピクロロヒドリン，スチレンオキシド存在下，$[bmim][BF_4]$，$[emim][BF_4]$，$[bmim][PF_6]$，$[BP][BF_4]$ などのイオン液体中で CO_2 を電解還元すると，相応するエチレンカーボナート誘導体が良好な収率で得られる（図 4.7）．

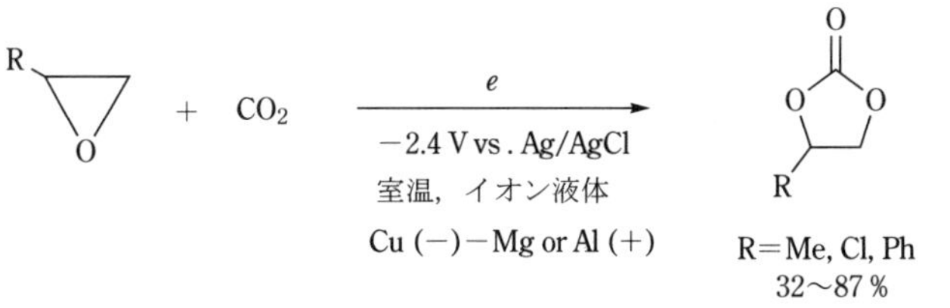

$$\text{R}\underset{\text{O}}{\triangle} + \text{CO}_2 \xrightarrow[\substack{-2.4\,\text{V vs. Ag/AgCl} \\ \text{室温, イオン液体} \\ \text{Cu}(-)-\text{Mg or Al}(+)}]{e} \underset{\text{R}=\text{Me, Cl, Ph} \\ 32\sim87\%}{\text{環状カーボナート}}$$

図 4.7 イオン液体中での環状カーボナートの電解合成

4.5.3 金属錯体触媒による電解還元的カップリング

図 4.8 に示すように 1-ブチル-3-メチルイミダゾリウムイオン液体 [bmim][Tf$_2$N] 中での PhBr や PhCH$_2$Br の Ni(II) 錯体による電極触媒的ホモカップリングが報告されている。

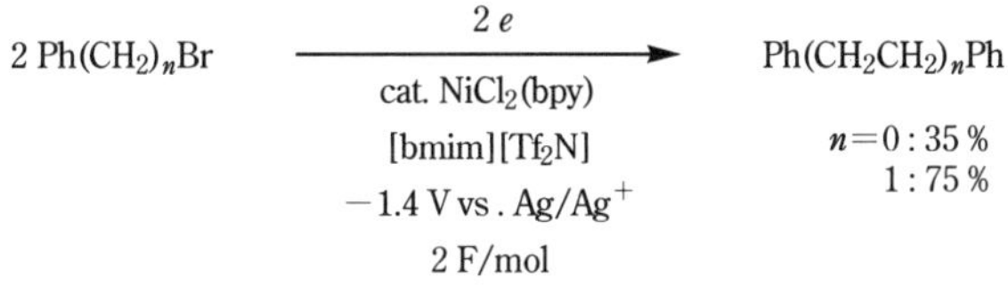

$$2\,\text{Ph(CH}_2)_n\text{Br} \xrightarrow[\substack{\text{cat. NiCl}_2(\text{bpy}) \\ [\text{bmim}][\text{Tf}_2\text{N}] \\ -1.4\,\text{V vs. Ag/Ag}^+ \\ 2\,\text{F/mol}}]{2e} \text{Ph(CH}_2\text{CH}_2)_n\text{Ph} \quad \substack{n=0:35\% \\ 1:75\%}$$

図 4.8 イオン液体中での電極触媒的ホモカップリング

これに対し，1-メチル-3-オクチルイミダゾリウムイオン液体中 [moim][BF$_4$] での電解反応は粘性が高すぎて困難であるが，DMF（10 % v/v）をイオン液体に添加することによりはじめて電解が可能となる。この中で反応性電極を用い有機ハロゲン化合物のホモカップリングが行われている。また，図 4.9 に示す

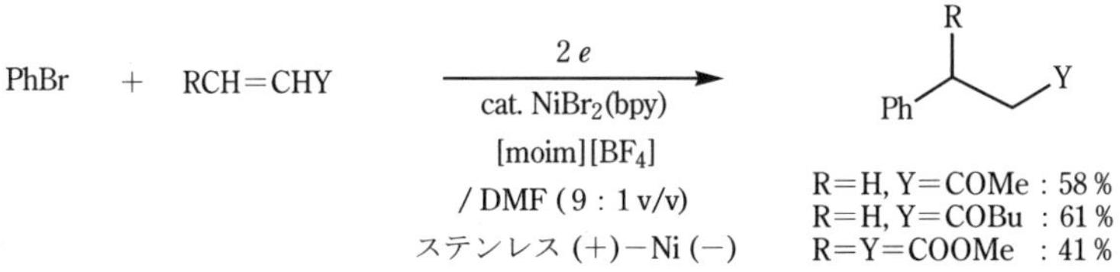

$$\text{PhBr} + \text{RCH=CHY} \xrightarrow[\substack{\text{cat. NiBr}_2(\text{bpy}) \\ [\text{moim}][\text{BF}_4] \\ /\,\text{DMF}(9:1\,\text{v/v}) \\ \text{ステンレス}(+)-\text{Ni}(-)}]{2e} \underset{\substack{\text{R=H, Y=COMe}:58\% \\ \text{R=H, Y=COBu}:61\% \\ \text{R=Y=COOMe}:41\%}}{\text{Ph}\overset{\text{R}}{\underset{}{\diagdown}}\text{Y}}$$

図 4.9 イオン液体中での電極触媒的カップリング

ような芳香族ハロゲン化合物と活性オレフィン類の Ni 触媒による電解還元的カップリングもできる。

4.5.4 金属錯体触媒による電解還元的脱ハロゲン化

筆者らは前節で述べたように Co(II)(salen) 錯体が [bmim][BF$_4$] イオン液体中で有機ハロゲン化合物の還元的脱ハロゲン化のよいメデイエーターとして機能することをサイクリックボルタンメトリーにより明らかにするとともに，マクロ電解によりこのことを実証した（図 4.10）。生成物はエーテルなどにより溶媒抽出でき，Co(II)(salen) 錯体はイオン液体中に残存することから，反応の後処理，生成物の単離が通常の溶媒を用いた場合に比べ格段に容易である。また，Co(II)(salen) 錯体を含むイオン液体は再利用が可能である。

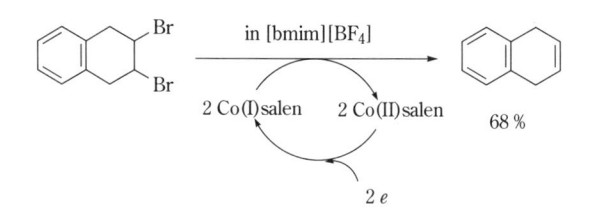

図 4.10 イオン液体中での電極触媒的脱臭素化

4.5.5 ベンゾイル蟻酸からマンデル酸への電解合成

[emim][Br] イオン液体中, 80 ℃ でベンゾイル蟻酸を GC 陰極により定電位還元することによりマンデル酸が高収率で得られる（図 4.11）。

$$\text{PhCOCOOH} \xrightarrow[\substack{\text{[emim][Br]} \\ -1.3\,\text{V vs. SCE} \\ \text{GC}(-)-\text{Pt}(+) \\ 80\,℃}]{2\,e} \text{PhCH(OH)COOH}$$

91 % 収率
(57 % 電流効率)

図 4.11 イオン液体中でのベンゾイル蟻酸の電解還元

4.5.6 有機化合物の選択的電解フッ素化 [6),7)]

有機化合物の電解部分フッ素化は通常イオン液体である [Et$_3$NH][H$_2$F$_3$] や [Et$_4$N][H$_3$F$_4$] を含むアセトニトリル中で行われてきたが，電解フッ素化中に非導電性の被膜が陽極に形成され，効率低下やアセトアミド化を引き起こす問題があった。そこで Meurs らはベンゼン，ナフタレン，フラン，ベンゾフラン，フェナンスレンなどの電解フッ素化を [Et$_3$NH][H$_2$F$_3$] 中で行ったところ，収率は 50 % 以下ではあったが，部分フッ素化体を得ることに成功した（図 4.12）。

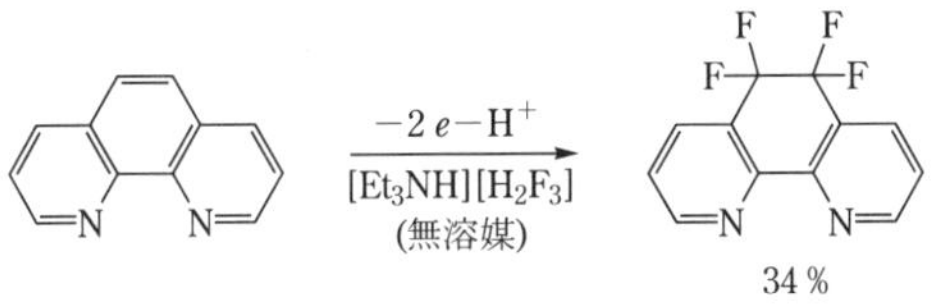

図 4.12 フェナンスレン電解フッ素化

筆者らは α-フェニルチオ酢酸エステル（**1**）の電解モノフッ素化を [Et$_3$NH][H$_2$F$_3$]/MeCN 中で達成したが，陰極の不動態化が起こるためパルス電解を行わざるをえなかった。また，この系ではジフッ素化体を一段階で得ることはできなかった。そこで筆者らはこれらの問題を解決するために有機溶媒を用いずにイオン液体 [Et$_3$NH][H$_2$F$_3$] 中で（**1**）の電解酸化を超音波照射下で行うことを検討した。

まず，フッ素系イオン液体 [Et$_3$NH][H$_2$F$_3$] 中，α-フェニルチオ酢酸エステル（**1**）のボルタンメトリーを静止下と超音波照射下で行ったところ，図 4.13 に示すように，静止下に比べ超音波照射下での陽極酸化の限界電流値が大幅に増大することを見いだした。これは超音波による物質移動の著しい促進効果に起因するものと思われる。すなわち，超音波照射によりキャビテーションが発生し，イオン液体の高速流が生じ，これにより（**1**）の電極表面への移動が促進されたためと解釈できる。実際にマクロ電解を行うと図 4.14 に示すようにこの促進効果のため，α-フェニルチオ酢酸エステルの α-フッ素化の電流効率が飛躍的に向上する。さらに，通電量を増すことにより [Et$_3$NH][H$_2$F$_3$]/MeCN 中

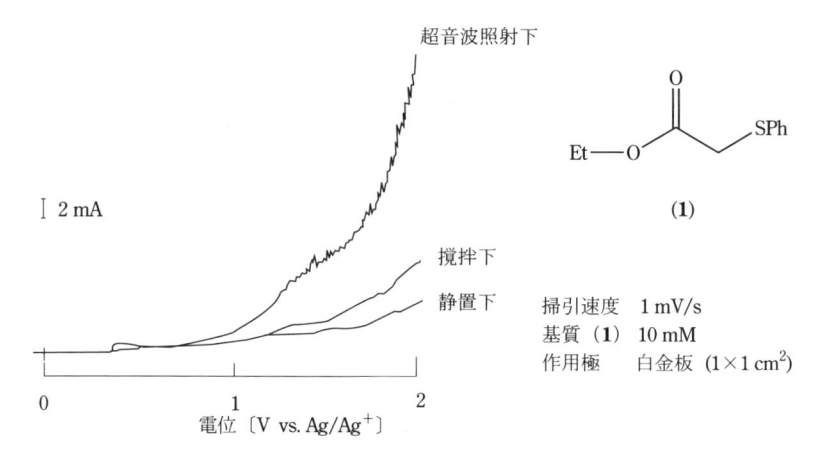

図 4.13 イオン液体 [Et$_3$NH][H$_2$F$_3$] 中での α-フェニルチオ酢酸エステル (**1**) のソノボルタモグラム

$$C_6H_4SCH_2COOEt \xrightarrow[\text{[Et}_3\text{NH][H}_2\text{F}_3\text{]}]{-2e-H^+} C_6H_4SCHFCOOEt + C_6H_4SCF_2COOEt$$
1   **2**   **3**

		2	3
under sonication	: 2 F/mol :	85 %	4 %
nonsonication	: 2 F/mol :	33 %	24 %
under sonication	: 6 F/mol :	0 %	63 %
nonsonication	: 6 F/mol :	9 %	23 %

図 4.14 α-フェニルチオ酢酸の電解フッ素化

では困難であったジフッ素化体 **3** が収率よく,しかも選択的に得られたことは注目に値する。しかしながら,[Et$_3$NH][H$_2$F$_3$] は 2 V vs. Ag/Ag$^+$ で酸化されるために難酸化性の基質のフッ素化には不適である。

これに対し,百田や米田らは耐酸化性に優れたイオン液体である種々の四級アンモニウムフロリドのポリ HF 塩 ([R$_4$N][H$_m$F$_{m+1}$]:R=Me, Et, n-Pr ; m>3.5) やアミンのポリ HF 塩である [Et$_3$NH][H$_4$F$_5$] (酸化電位 3 V vs. Ag/Ag$^+$ 以上) 中で置換ベンゼン類や脂肪族ケトン,アルデヒド,不飽和エステルなどの電解フッ素化に成功している(図 4.15～図 4.18)。しかしながら,本法はイオン液体を多量に用いるためアトムエコノミーの観点から問題がある。

筆者らはこれらの背景から,これまで直接フッ素化が困難とされてきたラク

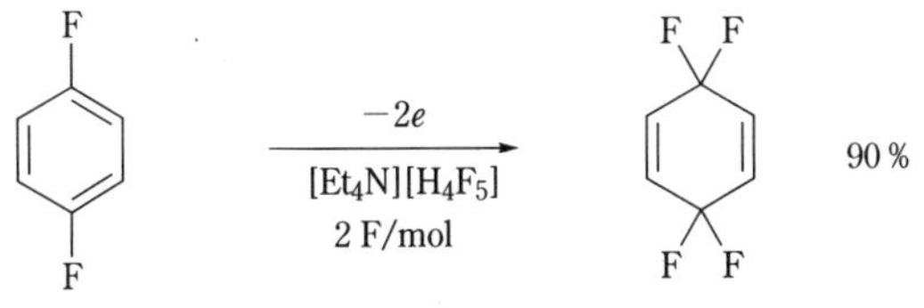

4.5 イオン液体中での有機電解合成   111

図4.15 p-ジフルオロベンゼンの電解フッ素化

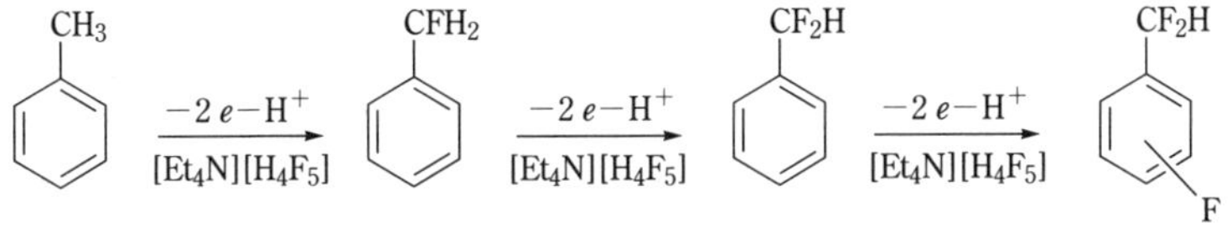

図4.16 トルエンの電解フッ素化

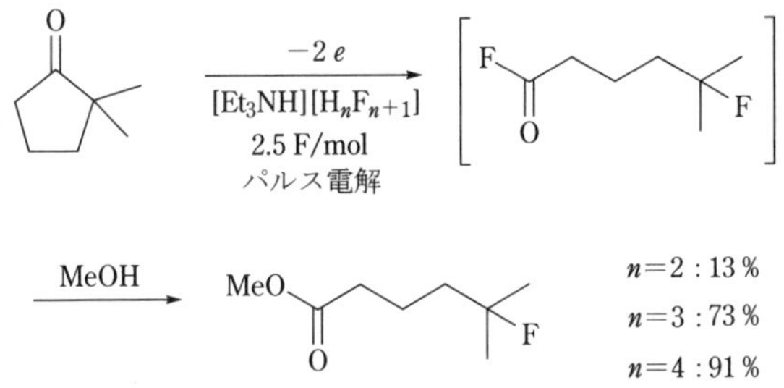

図4.17 環状ケトンの電解フッ素化

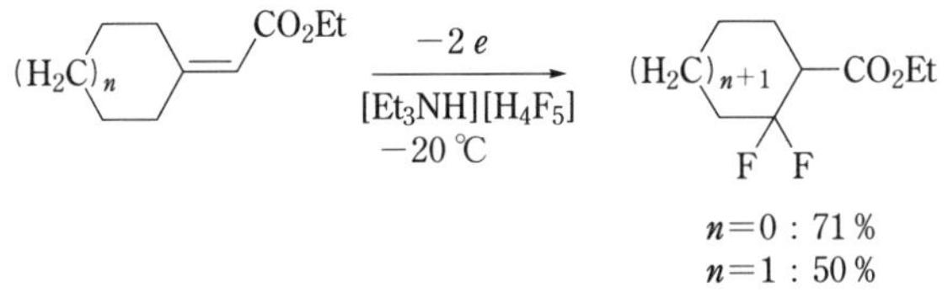

$n=2 : 13\%$
$n=3 : 73\%$
$n=4 : 91\%$

図4.18 環拡大を伴う電解フッ素化

$n=0 : 71\%$
$n=1 : 50\%$

トン,環状カーボナートおよび環状エーテルなどの液体の基質を対象とし,耐酸化性のイオン液体フッ化物塩を用いる無溶媒条件下での電解フッ素化を検討した。その結果,液体の基質に対し,フッ化物イオンが 2.4 当量となるようにフッ化物塩を用い,基質と混合したものを電解液とし,無隔膜セル中で白金陽

陰極により高電流密度下で定電流電解を行うと高収率でフッ素化体が得られることを見いだした（図 4.19, 図 4.20）。

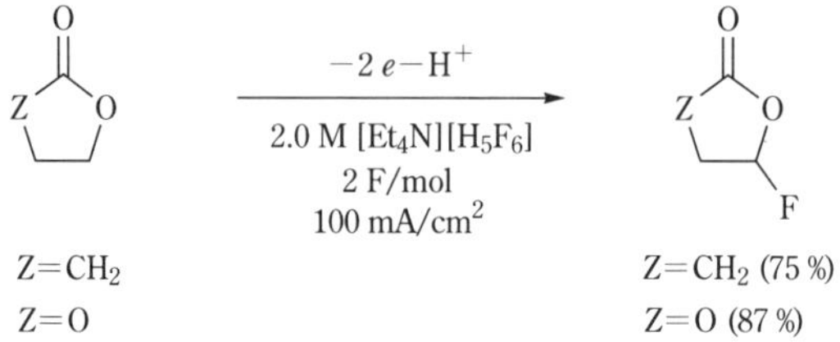

$$Z\text{=CH}_2, Z\text{=O} \xrightarrow[\substack{2.0\text{ M [Et}_4\text{N][H}_5\text{F}_6] \\ 2\text{ F/mol} \\ 100\text{ mA/cm}^2}]{-2e-\text{H}^+} Z\text{=CH}_2\ (75\%),\ Z\text{=O}\ (87\%)$$

図 4.19 ラクトンおよびエチレンカーボナートの電解フッ素化

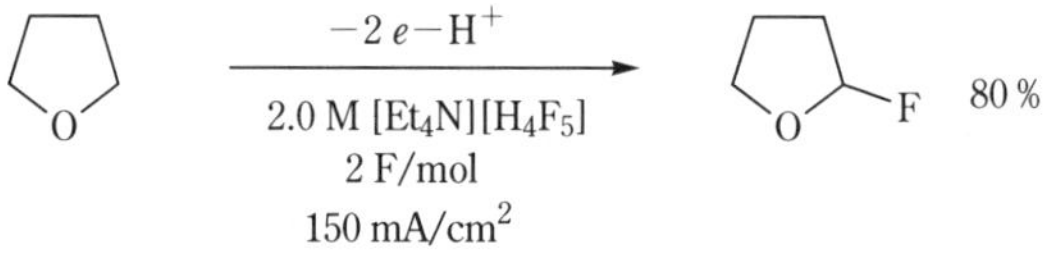

$$\text{THF} \xrightarrow[\substack{2.0\text{ M [Et}_4\text{N][H}_4\text{F}_5] \\ 2\text{ F/mol} \\ 150\text{ mA/cm}^2}]{-2e-\text{H}^+} \text{2-F-THF}\quad 80\%$$

図 4.20 テトラヒドロフランの電解フッ素化

これらの含酸素環状化合物は有機溶媒を用いるとフッ素化はほとんど進行しない。また，イオン液体フッ化物塩を溶媒代わりに多量に用いるとフッ素化収率は 10 % 程度と低い。フッ素化体は単離が容易であり，ラクトンとカーボナートのフッ素化体は電解液を直接溶媒抽出することにより得ることができる。一方，テトラヒドロフランのフッ素化体は電解液を直接，常圧蒸留するだけで高収率で単離できる。本電解系では支持フッ化物塩の使用量がきわめて少ないため，基質が選択的に酸化され，フッ素化が効率よく起こるものと思われる。陰極は水素過電圧の小さな白金を用いているため，陰極ではプロトンの還元（水素発生）のみが起こり，隔膜は不要である。本フッ素化では少量のフッ化物塩で十分であり，アトムエコノミーの観点からも望ましいプロセスといえる（図 4.21）。

筆者らは難酸化性のフタリドが [Et$_3$NH][H$_4$F$_5$] を含むイオン液体 [emim][OTf] 中で効率よく位置選択的にフッ素化されることも見いだしている（図 4.22）。本フッ素化は通常の有機溶媒中やイオン液体 [Et$_3$NH][H$_4$F$_5$] 中のみではほとん

4.5 イオン液体中での有機電解合成   113

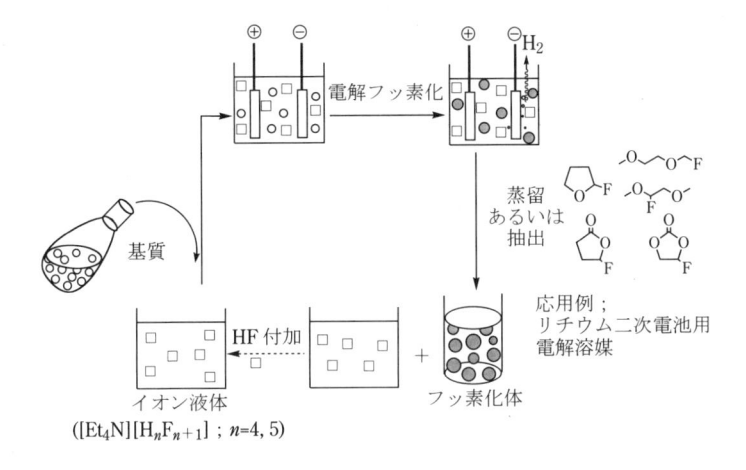

図 4.21　イオン液体を用いた無溶媒電解プロセス

図 4.22　ダブルイオン液体中での電解フッ素化

ど進行しないことから，[emim][TfO] がフタリドからのカチオン中間体やフッ素化物イオンの活性化に寄与しているものと思われる．

　このようにイオン液体がカチオン種やアニオン種の反応性に対しなんらかの影響を与えることが示唆されたが，ごく最近，筆者らは電解脱硫フッ素化反応において，イオン液体はジメトキシエタン（DME）よりもジクロロメタン（CH_2Cl_2）に類似した溶媒効果を示すことを見いだした．すなわち，フェニルチオ基を有するフタリドはイオン液体 $[Et_3NH][H_4F_5]$ を含む CH_2Cl_2 中で電解酸化により脱硫フッ素化体のみを与えるが，DME 中では α-フッ素化体を選択的に与える．これに対し，イオン液体 [emim][TfO] 中ではもっぱら脱硫フッ素化のみが起こり，相応するフッ素化体を良好な収率で与えた（**図 4.23**）．これは [emim][TfO] が CH_2Cl_2 同様，ラジカルカチオン **B** を不安定化し活性化することを示唆している（**図 4.24**）．本反応で，電解で消費した量に相当するフッ化物

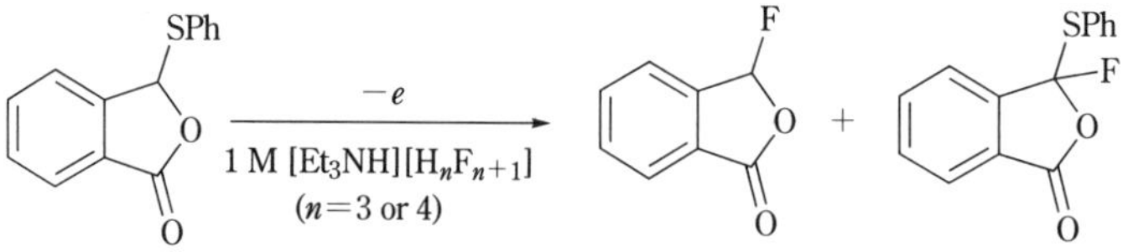

図4.23 種々の溶媒中での電解脱硫フッ素化

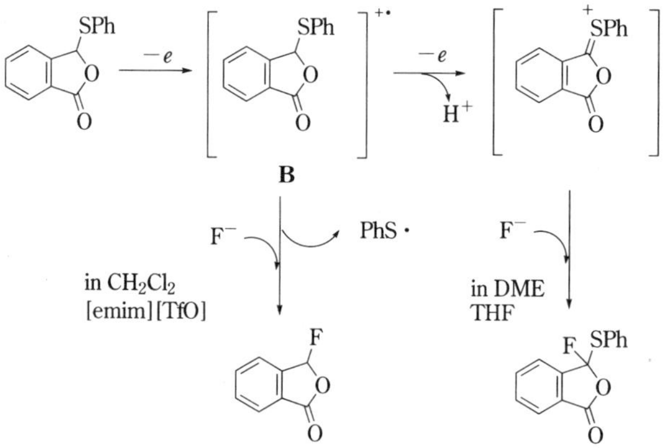

溶媒	モノフッ素化体	ジフッ素化体
in CH$_2$Cl$_2$	84 %	0 %
in DME	22 %	50 %
in [emim][TfO]	83 %	0 %

図4.24 イオン液体の溶媒効果

塩を再び添加すればイオン液体 [emim][TfO] は繰返し利用できることもわかった。

上記方法で [emim][TfO] を繰返し利用するためには消費されたフッ化物塩をその都度添加する必要があった。しかしながら，イオン液体であるフッ化物塩を溶媒を兼ねて用いることにより有機溶媒をまったく使わずに，フッ化物塩が電解フッ素化に繰返し利用できることを筆者らは示すことに成功した（図4.25）。同様の電解脱硫フッ素化はフッ化糖の合成にも適用できる（図4.26）。

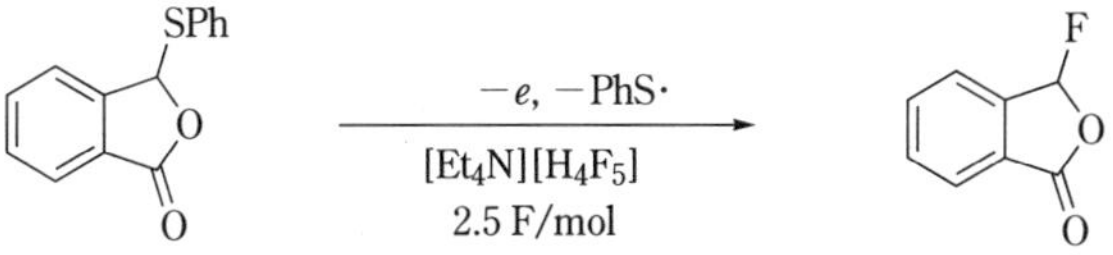

図 4.25 イオン液体を繰返し利用する電解脱硫フッ素化

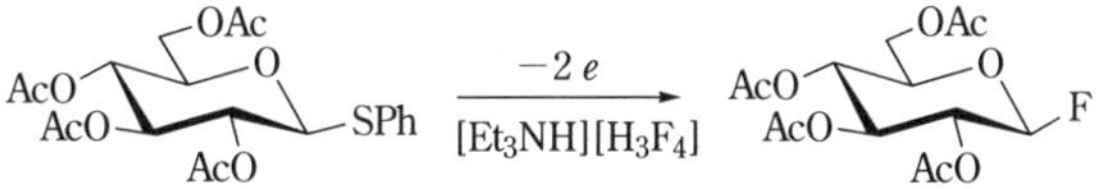

使用回数	収率 [%]
1	99
2	96
3	93
4	94

図 4.26 フッ化糖の電解合成

4.5.7 導電性高分子の電解合成

5章でも述べるように高分子合成においても，グリーンケミストリーを指向した反応メディアとしてイオン液体が近年特に注目されている。また，前述したようにイオン液体は良好な導電性を有するため，導電性高分子の電解合成メディアとしても有用であることが示されている。

実際これまでに，ポリアレーン，ポリアニリン，ポリピロール，ポリチオフェンなどの導電性高分子がクロロアルミナート系イオン液体中において電解合成されている。しかしながら，この種のイオン液体を構成しているアニオンは，水分に対しきわめて不安定な $AlCl_4^-$ であり，その取扱いにはグローブボックスを用いるなどの十分な注意が必要とされる。また，$AlCl_4^-$ は導電性高分子のドーパントとしての役割も担っていることから，陽極上に堆積したポリマーの導電性はその加水分解の進行に伴い激減する。例えば，小浦らは $[BP][AlCl_4]$ 中において陽極上に重合析出したポリアニリンのレドックス応答が5回程度の測定で半分にまで減少してしまうことを報告している。これらの問題は，安定なアニオンを有するイミダゾール系イオン液体を電解重合メディアに用いることで解決できる。

2002年，Luらは1-ブチル-3-メチルイミダゾリウムカチオン（bmim$^+$）と安定なBF$_4^-$やPF$_6^-$のようなアニオンから構成されるイオン液体中においてピロール，アニリンの電解重合を行い，得られたポリマーフィルムの電気化学的サイクル（繰返し電位掃引）をイオン液体中において検討した。その結果，イオン液体中では陽極上に生成したポリマーフィルムが100万回以上の酸化・還元サイクル寿命を有し，しかも100 msという速いスイッチング速度が得られることを明らかにしている。このサイクル寿命は通常の有機電解液系（例えばBu$_4$N・PF$_6$/プロピレンカーボナート(PC)）に比べ格段に優れている。さらに，エレクトロクロミック表示素子としても速いスイッチングが可能である。さらにLuらはポリアニリンが高分子電気化学メカニカルアクチュエーターとしてきわめて有用であることを示した。すなわち，導電性高分子として湿式紡糸によって得られた長さ10 mm，直径59 μmのエメラルデイン塩基（EB）をトリフルオロメタンスルフォン酸に漬けるとエメラルデイン塩（ES）となり300 S/cmの導電性を示し，このES構造のファイバーはイオン液体[bmim][BF$_4$]中で約 −0.4 V vs. Ag/Ag$^+$で2電子還元されロイコエメラルデイン（LE）構造となり，また約 +0.8 V vs. Ag/Ag$^+$で2電子酸化され元のES構造になる（図4.27）。

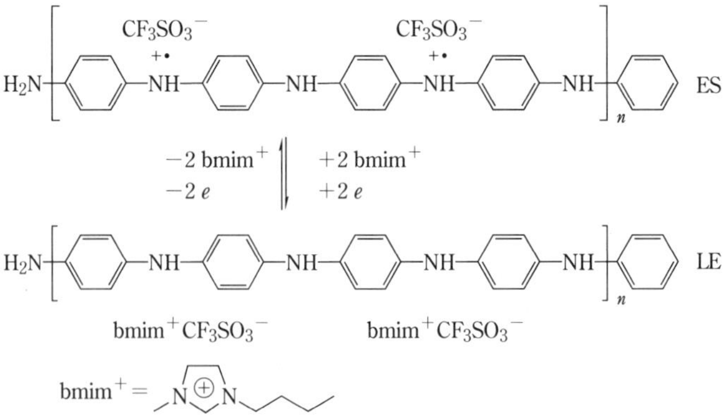

図4.27 電気化学的アクチュエーターの原理

4.5 イオン液体中での有機電解合成   *117*

このように酸化還元に伴いイオン液体中の bmim$^+$ が出入りするためにファイバーは酸化により収縮し，還元すると元の長さに戻る。無水のイオン液体を溶媒に使用しているためポリマーは1万回ものサイクルでも劣化はほとんどせず，電気化学アクチュエーターとして有望である。

筆者らも Lu らとほぼ同時期に TfO$^-$ をイミダゾリウム塩のアニオンとすることでピロールの電解酸化重合（電位掃引酸化重合）が円滑に進行することを見いだした（図4.28（c））。さらに，その重合析出速度は図4.28に示した重合時のサイクリックボルタモグラムからも明らかなように，従来用いられる水や有機溶媒中でのものよりも速いことがわかった[8]。

（a）0.1 mol [emim][CF$_3$SO$_3$]/H$_2$O　（b）0.1 mol [emim][CF$_3$SO$_3$]/CH$_3$CN　（c）[emim][CF$_3$SO$_3$]（無溶媒）

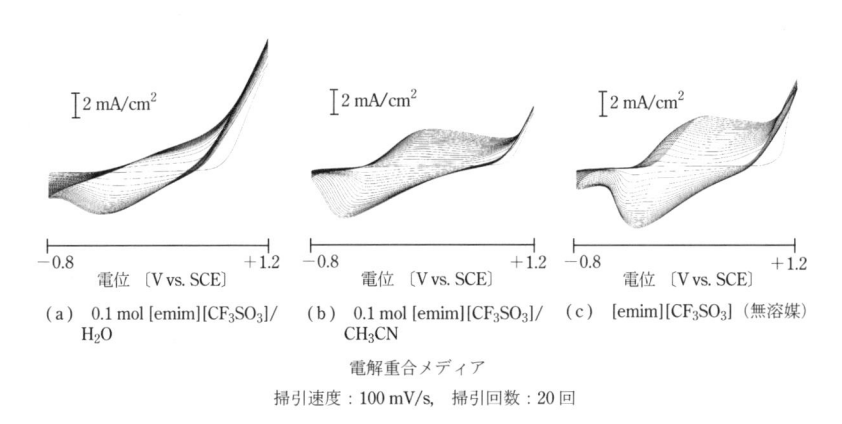

電解重合メディア
掃引速度：100 mV/s，掃引回数：20回

図4.28 種々の電解メディア中におけるピロール（0.1 M）の電位掃引重合時のサイクリックボルタモグラム

一般にピロールなどの電解重合では，重合成長過程のオリゴマーの拡散速度が遅く，陽極界面近傍に滞留している方が陽極上への析出にとって好都合となる。このため，重合析出速度は電解液の粘性に大きく依存し，高粘性なイオン液体中においては，その速度が増加したものと考えられるが，理由は定かでない。なお，イオン液体中における重合析出の促進効果は，チオフェン重合系においても同様に観測された。

繰返し再生利用が可能なことはイオン液体の大きな特徴の一つといえるが，イオン液体を電解メディアに用いた場合には，対極（補助電極）反応において

イオン液体自身の分解が起こることから，再生利用を指向する上でしばしば問題となる。しかしながら，電位掃引法による酸化重合ではこのような問題は回避される。すなわち，電位掃引酸化重合ではモノマーの酸化と作用電極上へのポリマーの析出に加え，析出したポリマー自体の酸化（貴側への電位掃引時）と還元（卑側への掃引時）も繰返し起こる（図4.28(c)）。このため，作用極において還元過程が進行する際には，対極においてモノマーの電解酸化重合やポリマー自体の酸化が起こり，作用極において酸化過程が進行する場合には対極上でポリマー自体の還元が起こることとなりイオン液体の分解は生じない。また，重合終了後のイオン液体中に残存するモノマー分子は，クロロホルム抽出により容易に分離除去され，5回繰返し利用されたイオン液体中においても重合速度の減少はまったく見られなかった。

一方，走査形電子顕微鏡(SEM)によるポリピロール膜の表面観察において，常用される水や有機溶媒中で得られた膜表面にはサイズの差こそあるが，いずれも粒塊の存在が認められた（**図4.29**(a), (b)）。これに対し，イオン液体中において得られたポリピロール膜は，この倍率（10 000倍）では粒塊が見られないきわめて平滑なものであることが明らかとなった（図4.29(c)）。

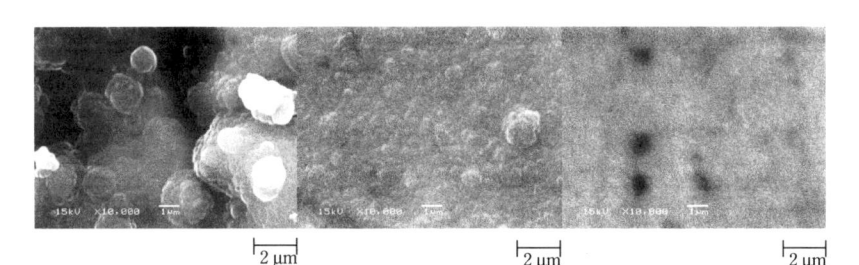

(a) 0.1 mol [emim][CF_3SO_3]/H_2O (b) 0.1 mol [emim][CF_3SO_3]/CH_3CN (c) [emim][CF_3SO_3]（無溶媒）

図4.29 種々の電解メディア中において作製されたポリピロール膜のSEM写真

さらに，イオン液体を反応メディアとすることで得られたポリマーフィルムの電気化学的容量密度や導電率もまた常用される水や有機溶媒中で得られたものと比較して大幅に向上することがわかった（**表4.2**）。

表4.2 種々の電解メディア中において作製されたポリピロールおよびポリチオフェンの物性

ポリマー	メディア	粗さ指標値* 〔—〕	電気化学的容量密度〔$C \cdot cm^{-3}$〕	導電率〔$S \cdot cm^{-1}$〕	ドーピングレベル〔%〕
ポリピロール	H_2O	3.4	77	1.4×10^{-7}	22
ポリピロール	CH_3CN	0.48	190	1.1×10^{-6}	29
ポリピロール	[emim][CF_3SO_3]	0.29	250	7.2×10^{-2}	42
ポリチオフェン	CH_3CN	8.6	9	4.1×10^{-8}	—
ポリチオフェン	[emim][CF_3SO_3]	3.3	45	1.9×10^{-5}	—

*膜厚の標準偏差

特に導電率は3〜5桁も向上することが明らかとなった。電解重合によって形成される導電性高分子膜のドーパントは支持電解質を構成するアニオンが担っており、このため、イオンのみから構成されるイオン液体中ではドーパントアニオンが多量に存在することとなる。したがって、このような特殊な環境が導電性高分子のドープ過程において非常に有利に働いたものと推測される。

前述のようにイオン液体中で電解合成された導電性高分子膜は、平滑で緻密性が高く、十分な機械的強度を有していることが明らかとなった。このような特性を有する導電性高分子膜は種々の表面保護膜や帯電防止フィルムなどへの応用が考えられる。また、このような平滑性の高い導電性高分子膜はエレクトロクロミック特性を利用したディスプレイへの応用も期待されよう。

また、このような平滑で緻密性の高いポリマーフィルムは、パラジウム微粒子のような触媒の担持体としても優れていることがわかった。つまり、水系重合で得られたポリピロール膜上にパラジウム微粒子を還元析出させた場合には、主として粒塊上にパラジウムが凝集する形で電析されたのに対し（図4.30(a)）、イオン液体中で得られたポリピロール膜上には、サブマイクロオーダーのパラジウム微粒子が高分散に電析された（図4.30(b)）。

これらコンポジット膜は有機化合物の水素化反応に利用されており、後者のものは、その機械的強度のみならず触媒活性においてもきわめて高いことが予想される。

これらに加え、$Bu_4N \cdot PF_6$/PC中で電解合成したポリピロールが通常の有機溶媒中に比べイオン液体中で良好なサイクル寿命を示すことも報告されている。

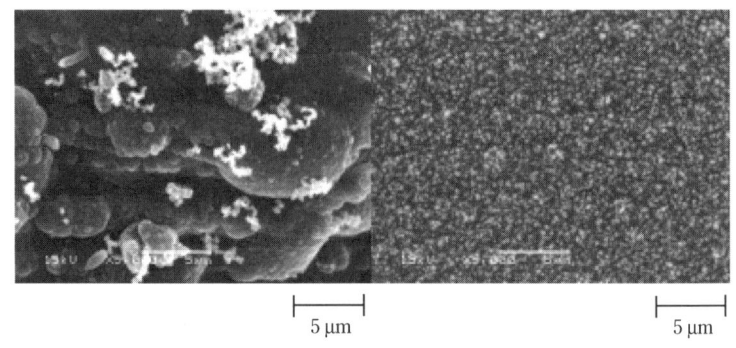

(a) 0.1 mol [emim][CF$_3$SO$_3$]/H$_2$O　　　(b)　[emim][CF$_3$SO$_3$]（無溶媒）

ポリピロールマトリックスの電解重合メディア

図 4.30　パラジウム-ポリピロールコンポジットフィルムの SEM 写真

また，Lu らや筆者らの報告後，ポリ（3,4-エチレンジオキシチオフェン）（PEDOT と略称）やポリフェニレンなどの導電性高分子がイオン液体中で電解合成されている。

4.6　無機電解への応用

4.2 節でも紹介したようにクロロアルミナート系イオン液体中でのアルミニウムや Al–Mn, Al–Ti, Al–Mg, Al–Cr などのアルミニウム合金の電析が報告されている。

一方，非クロロアルミナート系イオン液体中で金属の電析も盛んに研究が行われており，例えば塩化物塩イオン液体の [emim][Cl] と ZnCl$_2$, GaCl$_3$, InCl$_3$ との各イオン液体から Zn, Ga, In がそれぞれ電析可能である[9]。

さらに，イオン液体中での酸素の電気化学的直接および間接的還元も研究されている。

> **Baizer 博士からの溶融塩中での有機電解合成の提案**
>
> 　現在，世界最大規模の有機工業電解プロセスはアクリロニトリルの電解還元二量化によるアジポニトリルの製造である。これはナイロン 66 の原料として有用であり，米国ではモンサント社，日本では旭化成で行われている。本プロセスの考案者である故 Baizer 博士（モンサント社から後にカリフォルニア大学ロサンゼルス校およびサンタバーバラ校教授）と筆者は知合いであったが，ある日，同博士より一通の手紙が届いた。内容は以下のようなものであった。
>
> 　アジポニトリルの電解製造に使用されている支持電解質は四級アンモニウム塩 Et_4NOTs であり，これは 120 ℃ で融解し安定なため，この中で有機電解ができるはずであるから一緒に研究をやらないかという提案であった。
>
> 　この塩は常温で液体とはならないが，今日のイオン液体の隆盛を鑑みると同博士の先見性には感服させられる。筆者は時折，Baizer 博士の手紙を思い出しては溶融 Et_4NOTs 中での有機電解合成を試みたが，残念ながらよい結果は得られなかった。筆者がイオン液体中での有機電解合成を行おうとしたきっかけにはこのような背景があり，Baizer 博士も草葉の陰できっと喜んでおられるに違いない。

4.7　お わ り に

　近年，グリーンケミストリーの重要性が急速に高まってきている。イオン液体中での有機電解反応は報告例がきわめて少ない。有機電解合成は環境調和プロセスとして有望視されて久しいが，さらに低環境負荷化を目指した新しい展開が求められている。イオン液体がこのブレークスルーになることを願っている。

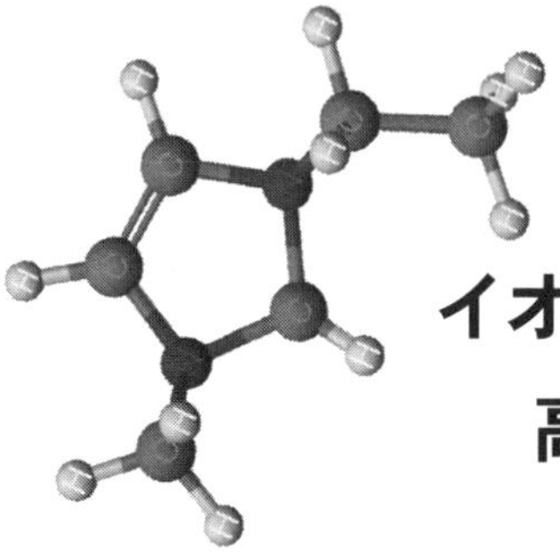

5 イオン液体を反応媒体とした高分子合成とその応用

5.1 高分子の合成

イオン液体を用いた高分子合成の例を述べる前に,従来の高分子合成,特に最近話題となっている高分子合成を紹介し,ついでイオン液体を反応媒体とした高分子合成について述べてみたい。

一般に,高分子化合物 [polymer (高重合体) もしくは macromolecule (巨大分子)] は,縮合重合と付加重合により合成されている。縮合重合の代表例としてはポリエチレンテレフタレート (PET) の合成をあげることができる (図 5.1)。

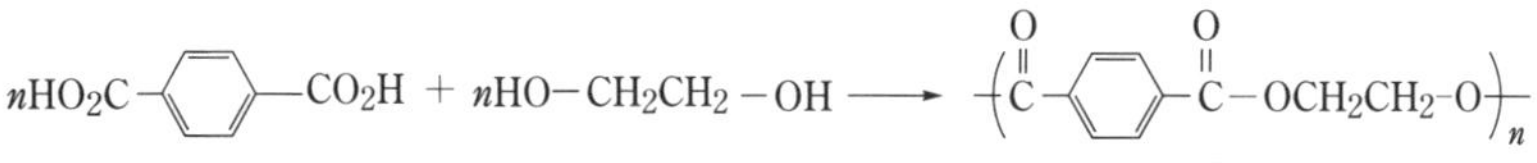

$$n\text{HO}_2\text{C}-\text{C}_6\text{H}_4-\text{CO}_2\text{H} + n\text{HO}-\text{CH}_2\text{CH}_2-\text{OH} \longrightarrow \underset{\text{PET}}{+(\overset{\text{O}}{\underset{\|}{\text{C}}}-\text{C}_6\text{H}_4-\overset{\text{O}}{\underset{\|}{\text{C}}}-\text{OCH}_2\text{CH}_2-\text{O})_n}$$

図 5.1　ポリエチレンテレフタレートの合成

合成高分子の中で最も大量に使用されているのはビニルポリマー (2) であり,ビニルポリマーはビニルモノマー (1) の付加重合で合成できる (図 5.2)。

$$n\text{CH}_2=\underset{\underset{(1)}{\text{R}}}{\text{CH}} \longrightarrow -(\text{CH}_2-\underset{\underset{(2)}{\text{R}}}{\text{CH}})_n-$$

図 5.2　ビニルモノマーの付加重合

付加重合は生長鎖の種類によって，アニオン重合（3），カチオン重合（4）およびラジカル重合（5）に分類されている（図 5.3）。

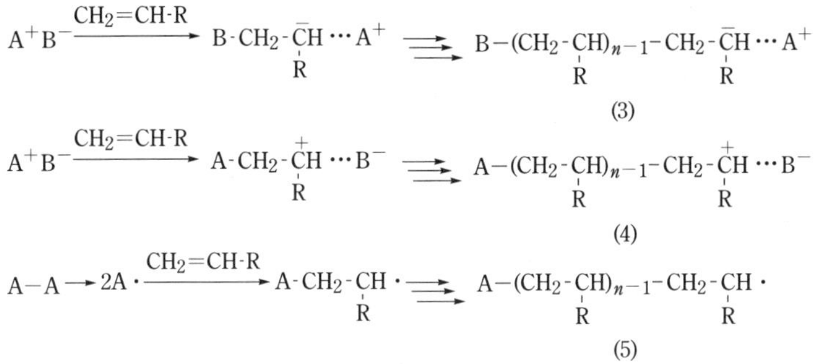

$$A^+B^- \xrightarrow{CH_2=CH\text{-}R} B\text{-}CH_2\text{-}\bar{C}H\underset{R}{\cdots}A^+ \rightleftharpoons B-(CH_2\text{-}CH)_{n-1}\text{-}CH_2\text{-}\bar{C}H\underset{R}{\cdots}A^+ \quad (3)$$

$$A^+B^- \xrightarrow{CH_2=CH\text{-}R} A\text{-}CH_2\text{-}\overset{+}{C}H\underset{R}{\cdots}B^- \rightleftharpoons A-(CH_2\text{-}CH)_{n-1}\text{-}CH_2\text{-}\overset{+}{C}H\underset{R}{\cdots}B^- \quad (4)$$

$$A-A \rightarrow 2A\cdot \xrightarrow{CH_2=CH\text{-}R} A\text{-}CH_2\text{-}CH\cdot\underset{R}{} \rightleftharpoons A-(CH_2\text{-}CH)_{n-1}\text{-}CH_2\text{-}CH\cdot\underset{R}{} \quad (5)$$

図 5.3 ビニルモノマーのアニオン重合，カチオン重合およびラジカル重合

　これらの重合方法で得られる高分子化合物は，一般に分子量に幅があり，多分散なポリマーである。したがって，新規な機能が付与された高分子化合物を創出するためには分子量がそろった，すなわち分子量分布の狭い（単分散）ポリマーの合成が必要である。分子量分布の狭いポリマーを合成するためにはリビング重合法が有用であり，実際リビングアニオン重合，リビングカチオン重合およびリビングラジカル重合が知られている。以下にそれぞれの重合方法について述べる。

5.1.1　リビングアニオン重合

　リビングアニオン重合は，Szwarc により 1956 年に報告された。これは Na-ナフタレン錯体を開始剤とすることにより通常の重合反応において見られる連鎖移動や停止反応の副反応が起こらず，スチレンが 100 ％ 重合した後でも生長鎖末端の炭素陰イオンが安定に存在するため，スチレンを新たに添加することにより重合が再開する。すなわち連鎖移動や停止反応が起こらず，開始反応と生長反応のみから成り立つためこのような重合をリビングアニオン重合と呼ぶ（図 5.4）。

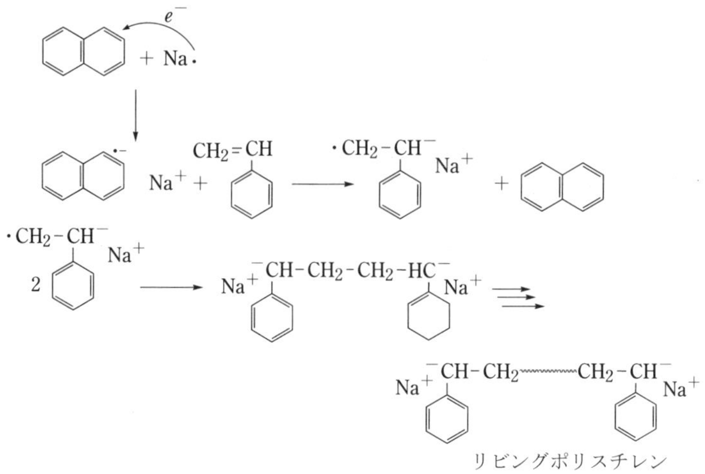

図 5.4 スチレンのリビングアニオン重合

1983 年に Webster らにより報告されたグループトランスファー（group transfer）重合はシリルエノールエーテルによるメチルメタクリレート（MMA）

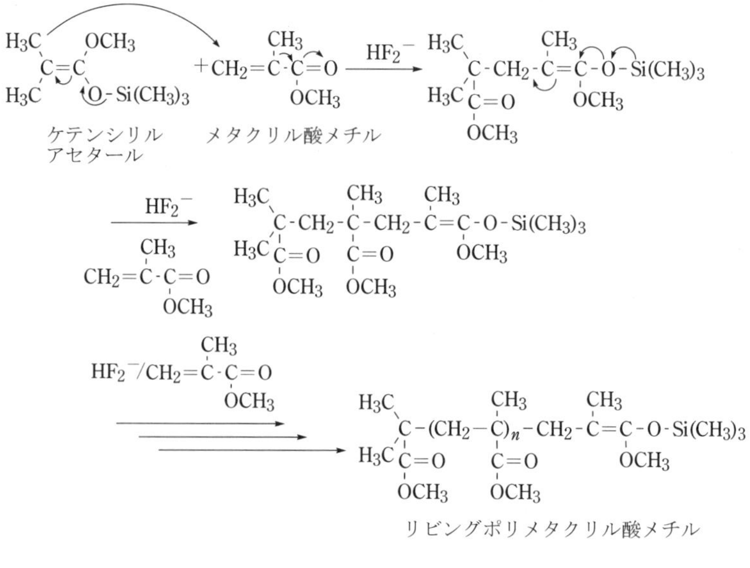

図 5.5 グループトランスファー重合

へのマイケル付加により進行するため，従来のアニオン重合に比べ低温にしなくても温和な条件下で反応が進行し，分子量のそろったリビングポリマーが生成する（図 5.5）。

5.1.2　リビングカチオン重合

アルケン [$CH_2=CH-X$] への HBr の付加反応は，一般に Markovnikov 型の反応により付加生成物 [$CH_3-CHBr-X$] を与え，カチオン重合物を与えない。しかしながら，HBr の代わりに CF_3SO_3H を用いると，得られた付加生成物 [$CH_3-C^+(X)H-O_3SCF_3$] 中の炭素−酸素結合 [$\sim C-O_3SCF_3$] のイオン性が高いため，生成したカルボニウムイオンへのモノマーの付加が繰返し起こりカチオン重合が進行する（図 5.6）。

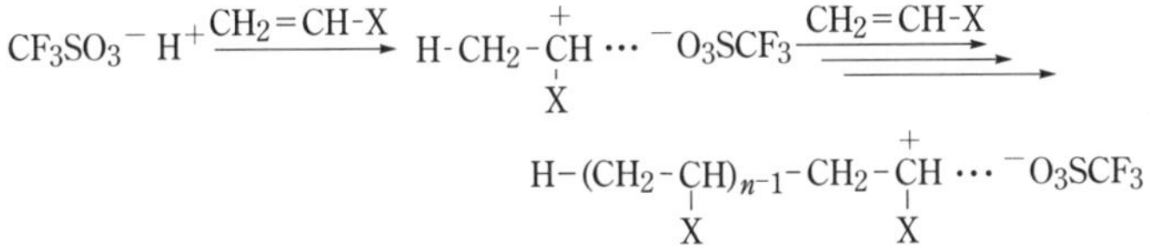

$$CF_3SO_3^- H^+ \xrightarrow{CH_2=CH-X} H-CH_2-\overset{+}{\underset{X}{CH}} \cdots \ ^-O_3SCF_3 \xrightleftharpoons{CH_2=CH-X} H-(CH_2-\underset{X}{CH})_{n-1}-CH_2-\overset{+}{\underset{X}{CH}} \cdots \ ^-O_3SCF_3$$

図 5.6　アルケン類のカチオン重合

さきに示したように，イソブチルビニルエーテル [$CH_2=CHOCH_2CH(CH_3)_2$] と HI との反応では，Markovnikov 型の付加生成物 [$CH_3-CHIOCH_2CH(CH_3)_2$] を与え，カチオン重合は進行しない。しかしながら，この反応系に I_2 を添加するとカチオン重合が進行し，さらに生成ポリマーは重合率に比例して増加し，重合がほぼ完結した系に新たにイソブチルビニルエーテルを添加すると分子量が重合率とともに増加することから，リビング性すなわちリビングカチオン重合であることが示された（図 5.7）。

I_2 の代わりに ZnI_2, $ZnCl_2$, $SnCl_2$ などのルイス酸性の低いハロゲン化金属を活性化剤として用いてもビニルエーテル類のリビングカチオン重合が進行する。

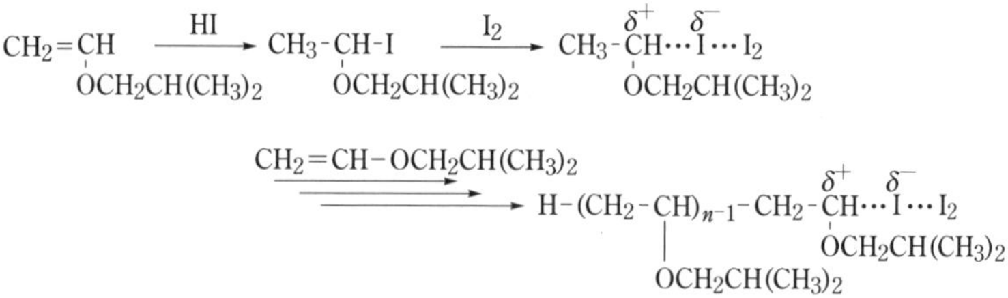

$$CH_2=CH \atop |\atop OCH_2CH(CH_3)_2 \xrightarrow{HI} CH_3\text{-}CH\text{-}I \atop |\atop OCH_2CH(CH_3)_2 \xrightarrow{I_2} CH_3\text{-}\overset{\delta+}{CH}\cdots\overset{\delta-}{I}\cdots I_2 \atop |\atop OCH_2CH(CH_3)_2$$

$$\xrightarrow{CH_2=CH\text{-}OCH_2CH(CH_3)_2} H\text{-}(CH_2\text{-}CH)_{n-1}\text{-}CH_2\text{-}\overset{\delta+}{CH}\cdots\overset{\delta-}{I}\cdots I_2 \atop \hspace{5em} | \hspace{4em} |\atop \hspace{5em} OCH_2CH(CH_3)_2 \hspace{1em} OCH_2CH(CH_3)_2$$

図 5.7　イソブチルビニルエーテルのリビングカチオン重合

5.1.3　リビングラジカル重合

　現在，工業化されているポリマーの半分以上は，ラジカル重合により製造されている．ラジカル重合は他の重合方法と異なり水分の影響を受けにくく，有機過酸化物を重合開始剤に用いることが多いことから，得られるポリマーの金属塩による汚染が少ないなどの他の重合方法には見られない多くのメリットを持つ．したがって，ラジカル重合において分子量のそろった製造プロセス，すなわちリビングラジカル重合法を開発することはきわめて重要である．実際，大津らによりイニファーター（iniferter：*ini*tiator-trans*fer* agent-*ter*minator）法が報告されている（**図 5.8**）．

$$B\text{-}B \longrightarrow B\cdot + B\cdot \xrightarrow{nM_1} B\text{-}(M_1)_n\text{-}B \rightleftharpoons B\text{-}(M_1)_{n-1}\text{-}M_1\cdot + B\cdot$$
$$\xrightarrow{mM_2} B\text{-}(M_1)_n\text{-}(M_2)_m\text{-}B$$

図 5.8　イニファーター法によるリビングラジカル重合

　イニファーターは，重合開始剤が開始機能と停止機能を兼備したものを示し，これは以下のスキームに示される．

　ここでイニファーター法によるリビング性の発現は，～M_1-B 共有結合が生長ラジカルの休止（dormant）種であり，B・ラジカルは一次ラジカル停止機能のみを有しモノマーへの付加を起こさないものである．したがって，重合時間とともに分子量が増加し，単分散（$M_w/M_n < 2.0$）なポリマーが得られる．コモノマー（M_2）を添加するとブロックコポリマーも生成する．実際，リビング

ラジカル重合開始剤として，ベンジル N,N-ジエチルジチオカルバメート [Ph–CH$_2$–SC(=S)NEt$_2$] を用いたスチレンの光重合に関して検討がなされた（図 **5.9**）。

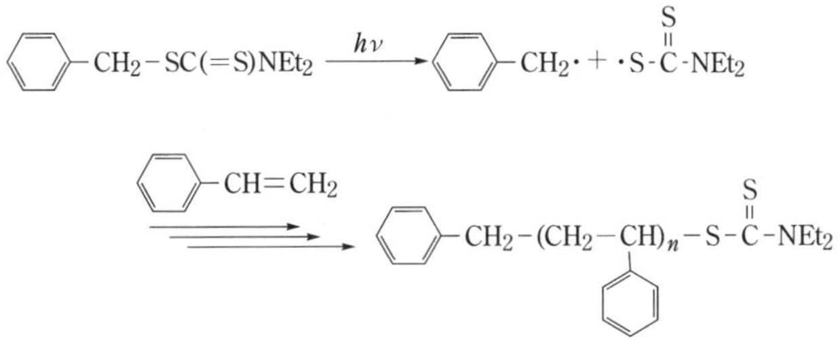

$$\text{Ph–CH}_2\text{–SC(=S)NEt}_2 \xrightarrow{h\nu} \text{Ph–CH}_2\cdot + \cdot\text{S–C(=S)–NEt}_2$$

$$\text{PhCH=CH}_2 \Longrightarrow \text{Ph–CH}_2\text{–(CH}_2\text{–CHPh)}_n\text{–S–C(=S)–NEt}_2$$

図 5.9 光重合解媒を用いたスチレンのリビングラジカル重合

ベンジル N,N-ジエチルジチオカルバメートによるスチレンの重合においては，重合時間とともに分子量は増加する傾向が得られるが，得られた分子量の分散比（M_w/M_n）はいずれも 2.1 以上で，重合時間の増加とともに分散比が高まる（2.1～2.9）傾向にある。これは重合の進行とともにポリマー生長末端の ～C–S 結合の解離がポリマー鎖長に関係なく無差別的に起こるためである。

このような欠点を克服する目的で，安定なニトロキシドラジカル（2,2,6,6-テトラメチルピペリジニル-1-オキシラジカル，TEMPO）を用いたリビングラジカル重合が Georges, Hawker らにより報告された（図 **5.10**）[1]。

この重合の特徴は，80 ℃における過酸化ベンゾイル [PhC(=O)OOC(=O)Ph] とスチレンおよび TEMPO ラジカルとの反応により付加生成物が得られ，ついで得られた TEMPO ラジカル付加物をスチレンモノマー存在下，130 ℃において反応させることにより，スチレンのリビングラジカル重合が進行するものである。生長末端にはつねに生きたラジカルである TEMPO ラジカルが存在しており，きわめて効率よくリビング性を示す点が特徴といえる。得られたポリマーの分散比（M_w/M_n）もつねに 2.0 以下であり単分散性を示す。

金属触媒を用いたリビングラジカル重合法も最近報告されている。ハロゲン化アルキル（R–X）と銅，ルテニウムなどの金属触媒を用いたリビングラジカ

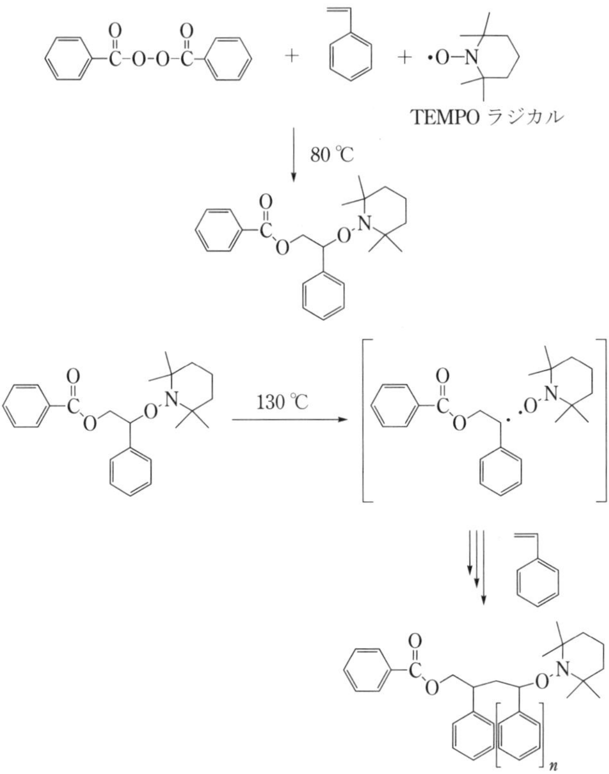

図 5.10　TEMPO ラジカルを用いたスチレンのリビングラジカル重合

ル重合法は原子移動ラジカル重合（atom transfer radical polymerizaition, ATRP）と呼ばれ，最近膨大な数の報告がなされている[2), 3)]。

ATRP は以下のスキームに示すように，ハロゲン化物と金属塩との反応によりラジカル（R·）が生成し（initiation），ついでモノマー（$CH_2=CH-R$）との反応により得られる生長ラジカル（P_n·）が金属塩との相互作用によりハロゲン化物（P_n-X）を生成し，P_n-X が休止（dormant）種となりリビング性を示すものである（propagation）。なお，$P_n^=$ は生長ラジカル（P_n·）の不均化反応により生成するアルケン類を示し，P_m-H は生長ラジカルの水素引抜き反応により得られた生成物をそれぞれ示す（termination）（図 5.11）。

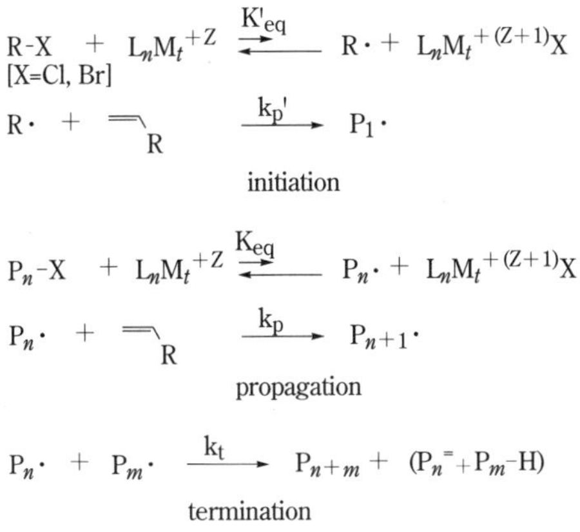

$$R\text{-}X \; + \; L_nM_t^{+Z} \xrightleftharpoons{K'_{eq}} R\cdot \; + \; L_nM_t^{+(Z+1)}X$$
[X=Cl, Br]

$$R\cdot \; + \; \underset{R}{=} \xrightarrow{k_p'} P_1\cdot$$

initiation

$$P_n\text{-}X \; + \; L_nM_t^{+Z} \xrightleftharpoons{K_{eq}} P_n\cdot \; + \; L_nM_t^{+(Z+1)}X$$

$$P_n\cdot \; + \; \underset{R}{=} \xrightarrow{k_p} P_{n+1}\cdot$$

propagation

$$P_n\cdot \; + \; P_m\cdot \xrightarrow{k_t} P_{n+m} \; + \; (P_n^= + P_m\text{-}H)$$

termination

図 5.11　ATRP 法によるリビングラジカル重合

リビングラジカル法として最近,可逆付加-開裂連鎖移動 (reversible addition-fragmentation chain transfer, RAFT) が Rizzardo らにより報告された (図 5.12)。

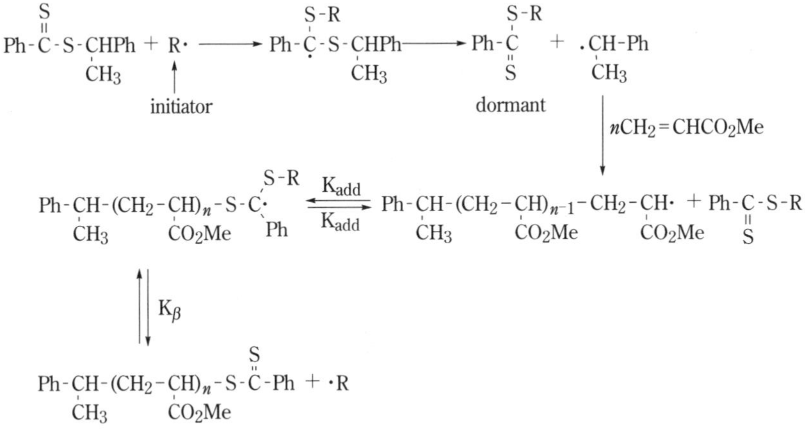

図 5.12　RAFT 法によるリビングラジカル重合

RAFT 重合法は,過酸化ベンゾイル [BPO：PhC(=O)OOC(=O)Ph] もしくはアゾビスイソブチロニトリル [AIBN：$Me_2C(CN)$-N=N-$C(CN)Me_2$] などを重合

開始剤 (initiator) として用いた通常のラジカル重合反応に，ジチオエステル類 [R-S-C(=S)-Z] を連鎖移動剤として用いる点に特徴がある。ジチオエステル類が付加したラジカル種は β-開裂により，より安定化され，休止種を生成しやすくリビング性を高めている。

休止種へのモノマー (CH$_2$=CH-Y) のラジカル付加によりリビングポリマーが得られる。得られたリビングポリマーにおける分散比 (M_w/M_n) はいずれの場合においても 1.3 以下でありきわめて単分散なポリマーが得られている。最近，RATF に関する報告が数多くなされるようになった。

5.2 イオン液体を反応媒体とした高分子合成

5.2.1 イオン液体を反応媒体としたラジカル重合

さきの項目において示したように，高分子合成においてラジカル重合は工業的にも有用な方法である。従来のラジカル重合は，おもに揮発性有機化合物 (volatile organic compound, VOC) を溶媒として行われてきた。1950 年代，ロサンゼルスの光化学スモッグによる被害が深刻な社会問題になって以来，欧州でも酸性雨を中心とする大気汚染による森林，歴史的建造物の被害が報告されるようになっている。この酸性雨の原因の一つとして指摘されているのが VOC であり，この VOC が大気中に放出され，窒素酸化物とともに太陽光の紫外線により強い酸化力を持った光化学オキシダントとなり，光化学スモッグの原因となるとともに酸性雨の原因になっている。しかしながら，イオン液体は蒸気圧がほぼゼロであるため高温下でも蒸発せず，さらには比較的低粘性であるため重合用溶媒として，特にグリーンな重合溶媒として興味深い。

実際，反応媒体として 1-ブチル-3-メチルイミダゾリウムヘキサフルオロホスフェート ([C$_4$mim][PF$_6$]) を用い，重合開始剤として過酸化ベンゾイル (BPO；重合温度 70 ℃) もしくはアゾビスイソブチロニトリル (AIBN；重合温度 60 ℃) を用いたスチレン (St) およびメチルメタクリレート (MMA) のホモ重合に関する報告がなされている (図 5.13)。

$n\text{CH}_2=\text{CH}-\text{C}_6\text{H}_5 \xrightarrow[\text{重合溶媒}]{\substack{\text{BPO/75 ℃}\\ \text{[AIBN/65 ℃]}}} -(\text{CH}_2-\text{CH}(\text{C}_6\text{H}_5))_n-$

開始剤	重合溶媒	収率〔%〕	分子量
BPO	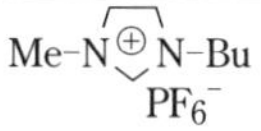 Me-N⊕N-Bu PF$_6^-$ [C$_4$mim][PF$_6$]	99	$M_n=0.86\times10^{53}(M_w/M_n=3.63)$
AIBN	[C$_4$mim][PF$_6$]	98	$M_n=8.40\times10^{53}(M_w/M_n=1.91)$
BPO	 ベンゼン	9	$M_n=0.091\times10^{53}(M_w/M_n=1.98)$
AIBN	 ベンゼン	17	$M_n=1.32\times10^{53}(M_w/M_n=1.89)$

図 5.13 イオン液体およびベンゼン中におけるスチレンのラジカル重合

　上記のスキームに示すように，BPO をラジカル重合開始剤としたスチレンの重合では，ベンゼンを溶媒にした場合に比べ [C$_4$mim][PF$_6$] を溶媒とすることにより生成物の収量が著しく高まり（9→99％），さらに生成物の分子量（M_n）も高まる。同様に，AIBN を重合開始剤としたメチルメタクリレートのラジカル重合においても同様な傾向が得られている。イオン液体を重合溶媒とした場合においては生成物はイオン液体から濾過するのみで分離でき，さらにこのイオン液体を重合用溶媒として再利用できる。ベンゼン中に比べイオン液体中で重合度さらには生成物の収率が高まる結果は，イオン液体の粘度がベンゼンに比べ高く連鎖移動を起こしにくく，生成したポリマーラジカルが溶媒系から系外へ排出されやすくなるため（イオン液体へのポリマーラジカルの低い溶解性のため）と考えられている。

　イオン液体 [1-ブチル-3-メチルイミダゾリウムヘキサフルオロホスフェート（[C$_4$mim][PF$_6$]）中における AIBN もしくは BPO をラジカル重合開始剤としたスチレンとメチルメタクリレート（MMA）とのラジカル共重合について検討がなされた（**図 5.14**）。

　共重合反応はスチレンの仕込みモル比を MMA に比べ高めると，コポリマーの分子量およびモノマーの変化率が低下する傾向にある。この結果は従来のベ

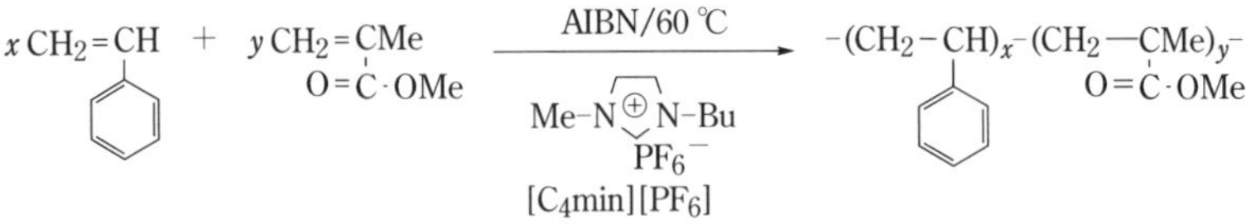

x CH$_2$=CH(C$_6$H$_5$) + y CH$_2$=CMe(O=C·OMe) →[AIBN/60℃, Me-N⊕N-Bu PF$_6^-$ [C$_4$min][PF$_6$]] -(CH$_2$-CH)$_x$-(CH$_2$-CMe)$_y$-

MMA に対する St の 仕込みモル比〔mol%〕	M_n (M_w/M_n)	変化率〔wt%〕
9.94	500.5×10^3 (2.93)	16.04
20.80	430.2×10^3 (1.92)	9.20
28.76	264.7×10^3 (1.92)	5.44
48.86	166.5×10^3 (2.03)	2.48
69.12	130.6×10^3 (2.01)	1.40

図5.14 イオン液体中におけるスチレンとメチルメタクリレートのラジカル共重合

ンゼンを溶媒とした共重合系と逆の傾向にある。これはベンゼンは非極性溶媒であるのに対し，イオン性溶媒の極性はメタノールと同様高いため，スチレンに比べ極性溶媒中でMMAの重合性が高まるためと考えられている。イオン液体への溶解性がポリスチレンにおいてより低いこともその理由に考えられている。このように，イオン液体が従来の有機溶媒系と異なったラジカル共重合性を示す知見は，今後新しい機能性ポリマーを創出する点からも興味深い。

5.2.2 イオン液体中における原子移動ラジカル重合

エチレンのZigler-Natta重合において，イオン液体：塩化アルミニウム-1-エチル-3-メチルイミダゾリウムクロリドを重合溶媒とした例が報告されている。しかしながら，このイオン液体は水に対する安定性が低い点が問題とされている。

一方，同じイオン液体である1-ブチル-3-メチルイミダゾリウムヘキサフルオロホスフェート[C$_4$mim][PF$_6$]は，空気さらには水に対して安定で，かつ吸湿性を示さないためラジカル重合用の反応溶媒として有用である。実際，[C$_4$mim][PF$_6$]を反応溶媒としたMMAのCu(I)触媒下におけるリビングラジカル重合が報告された（図5.15）。

[C$_4$mim][PF$_6$]中にCuBrを可溶化させ，ついでMMA, N-プロピル-2-ピリジ

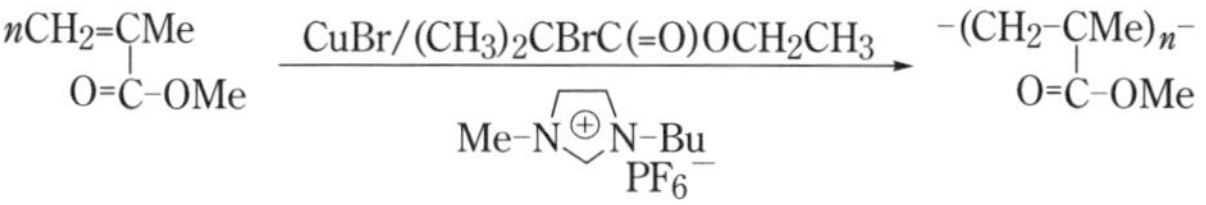

$n\mathrm{CH_2=CMe} \atop \mathrm{O=C-OMe}$ $\xrightarrow[\substack{\mathrm{Me-N}\overset{\oplus}{\frown}\mathrm{N-Bu} \\ \mathrm{PF_6^-}}]{\mathrm{CuBr/(CH_3)_2CBrC(=O)OCH_2CH_3}}$ $-\mathrm{(CH_2-CMe)}_n- \atop \mathrm{O=C-OMe}$

図 5.15 イオン液体中における Cu(I) 触媒を用いたメチルメタクリレートのリビングラジカル重合

ルメタンイミンおよびエチル-2-ブロモイソブチレートを加え,30 ℃ において脱気下重合をさせた。この重合系において,CuBr はイオン液体に可溶であるものの,イオン液体はトルエンに対して溶解性を示さない。したがって,この反応物にトルエンを添加させると生成物であるポリメチルメタクリレートが容易にトルエン中に抽出されるため,生成物の単離がきわめて容易になる。得られたポリマーはすべて $M_w/M_n < 1.43$ で単分散性であることから,リビングラジカルで反応が進行する。さらに,得られた重合物中には触媒として使用した金属イオンは残存していないことも明らかとなっている。

アクリレートモノマー類は,[C$_4$mim][PF$_6$] に対し**表 5.1** のような溶解性を示す。

表 5.1 イオン液体 [C$_4$mim][PF$_6$] へのアクリレートモノマー類の溶解性

モノマー〔wt%〕	[C$_4$mim][PF$_6$] への溶解性〔wt%〕	開始剤*含有[bmim][PF$_6$] への溶解性〔wt%〕
メチルメタクリレート	100	100
ブチルアクリレート	38	41
ヘキシルアクリレート	10	25
ドデシルアクリレート	trace	<10

*開始剤:CH$_3$CHBrCO$_2$CH$_2$CH$_3$ 0.1 %(対 イオン液体)含有

表に示したように,アルキルアクリレート類において,アルキル基の置換基の炭素数が増加するにつれ,イオン液体への溶解性が低下する傾向が得られている。興味深いことに,重合触媒である CuBr/ペンタメチルジエチレントリアミンは 99.9 % 以上イオン液体中に可溶化することも UV-vis スペクトル(Cu イオン)により確認されている。

CuBr/エチル 2-ブロモプロピオネート/ペンタメチルジエチレントリアミンを重合触媒としたメチルアクリレートの原子移動ラジカル重合(atom-transfer radical polymerization, ATRP）は，重合時間（4.5 h, 20 h, 96 h）の増加とともに分子量が増加し（M_n=1 010, 1 820, 2 780），理論値（M_n=1 180, 1 645, 2 240）ときわめてよく一致した結果が得られた。さらにそれぞれのケースにおけるM_w/M_nは 1.12, 1.15, 1.24 と単分散であり，これらの結果はリビングラジカル性を強く示唆している。

イオン液体中におけるラジカル重合性をより明確にさせるため，得られたポリマーをさらにメチルアクリレートに可溶化させ，重合させた。この場合，分子量の増加が確認されたことからもリビング性は明らかである。

一方，イオン液体に対する溶解性が低いモノマーであるブチルアクリレート，ヘキシルアクリレート，ドデシルアクリレートをイオン液体に対し等量加え，一部モノマー類がイオン液体に可溶化させた条件（表 5.1）において同様にラジカル重合が検討された。ブチルアクリレート，ヘキシルアクリレート，ドデシルアクリレートの重合においては，得られたポリマーの M_w/M_n は 1.41～2.05，1.42～1.51，1.85～2.25 であり，リビング性が低く，リビングラジカル重合以外の他の重合機構が混在している。実際，ブチルアクリレートの重合物のマススペクトル分析より，重合物は CH_3-$CHCO_2Et(CH_2CHCO_2Bu)_n$-CH_2CH(CO_2Bu)-Br 以外に，CH_3CHCO_2Et-$(CH_2$-$CHCO_2Bu)_n$-$CH_2CH_2(CO_2Bu)$，CH_3-$CHCO_2Et$-$(CH_2CHCO_2Bu)_n$-CH=$CHCOOBu$ が得られており，メチルメタクリレートの重合に比べリビング性が低下している。

種々のイオン液体存在下での MMA の ATRP に関する報告がなされた。

この重合反応に使用されているイオン液体は以下のようであり（図 5.16），さらに触媒系として $FeBr_2$/エチル 2-ブロモイソブチレート，CuBr/エチル 2-

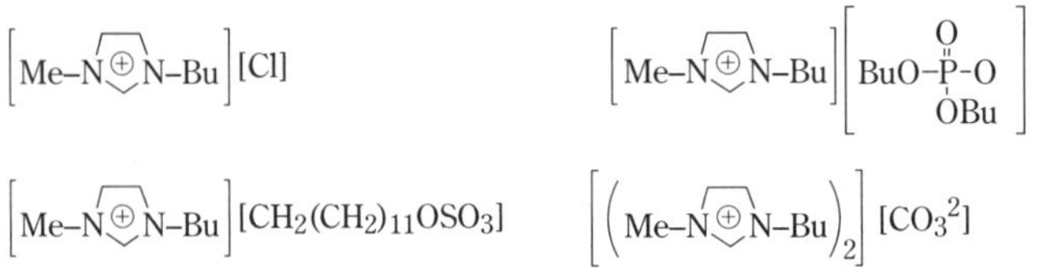

図 5.16　種々のイオン液体とその構造

ブロモイソブチレート/ビピリジン系などが使用されている。

イオン液体中における原子移動ラジカル重合法によるブロックコポリマーの合成法が報告された。[C_4mim][PF_6] において，CuBr/$CuBr_2$/ペンタメチルジエチレントリアミンを触媒系とし，開始剤としてエチル 2-ブロモプロピオネートを用いることにより，ブチルアクリレート（BA）とメタクリル酸（MA）とのブロックコポリマーが合成できる。

この重合系において，BA はイオン液体に 40 wt% 溶けるのみであるため，残り 60 wt% はイオン液体と分離し上層に移行する。開始剤（$CH_3CHBrCO_2Et$）は BA およびイオン液体の両方に可溶となるものの，金属触媒はイオン液体により効率よく可溶化するため，BA の重合はまずイオン液体中で開始され，ついで BA 層へ金属触媒が拡散することにより BA 層でも重合が開始すると考えられている。この結果は，BA の重合において M_w/M_n の値が比較的高い（M_w/M_n=1.33）ことからも示唆される（図 5.17）。

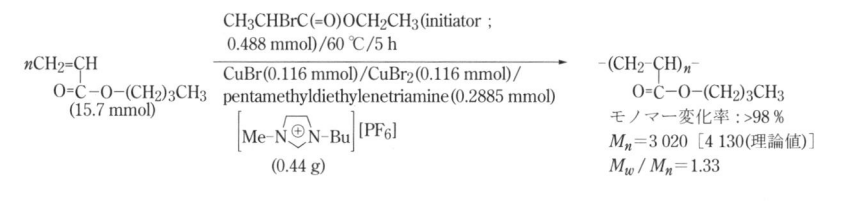

図 5.17 イオン液体存在下でのブチルアクリレート-メタクリル酸ブロックコポリマーの合成

[C_4min][PF_6] を重合溶媒とし，過酸化ベンゾイル(BPO)を重合開始剤としたスチレンの 70 ℃/4 h におけるラジカル重合が行われた。重合後，高真空下（10^{-6} mmHg）で未反応のスチレンモノマーを室温下で除去し，MMA を真空下で反応容器へ導入させ，スチレンのポリマーラジカルを重合開始剤とした MMA の

ブロックコポリマー [PSt-*block*-PMMA] の合成が室温下で行われた。この系は，イオン液体の揮発性を示さない性質を有効に利用した例である。さらに本重合系では 70 ℃ で重合させたポリスチレンの生長ラジカルをそのまま室温下でのブロック共重合に生かしている点も興味深い（**図 5.18**）。

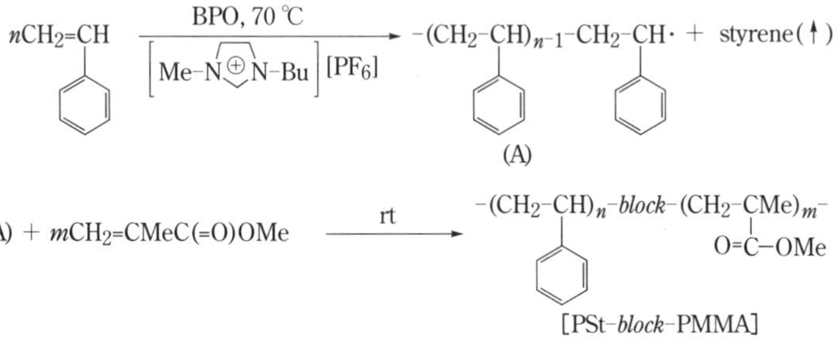

$$nCH_2=CH\text{-Ph} \xrightarrow[\text{[Me-N}^{\oplus}\text{N-Bu][PF}_6\text{]}]{\text{BPO, 70 ℃}} \text{-(CH}_2\text{-CH)}_{n-1}\text{-CH}_2\text{-CH·} + styrene(\uparrow)$$

(A)

$$(A) + mCH_2=CMeC(=O)OMe \xrightarrow{rt} \text{-(CH}_2\text{-CH)}_n\text{-}block\text{-(CH}_2\text{-CMe)}_m\text{-}$$

[PSt-*block*-PMMA]

図 5.18 イオン液体中におけるスチレン-MMA ブロックコポリマーの合成

5.2.3　イオン液体を重合媒体とした RAFT 重合

イオン液体：1-アルキル-3-メチルイミダゾリウムヘキサフルオロホスフェート（**図 5.19**）中におけるスチレン，メチルメタクリレート，メチルアクリレートの 2-(2-シアノ)ジチオベンゾエートを連鎖移動剤としたラジカル重合が検討された。

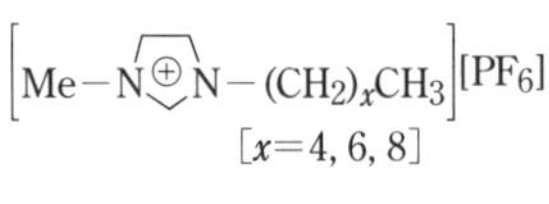

$$\left[\text{Me-N}^{\oplus}\text{N}-(CH_2)_xCH_3\right][PF_6]$$
$$[x=4, 6, 8]$$

図 5.19 イオン液体の構造

1-アルキル-3-メチルイミダゾリウムヘキサフルオロホスフェート（$x=4, 6, 8$）を用いたスチレンの重合においては，重合初期においてポリスチレンが析出し，重合度が 2 % 以下であり，重合度が高まらない。一方，イオン液体ではなく，トルエン中においては重合度は 15 %，$M_w/M_n=1.07$ で単分散でありリビング性を示す（**図 5.20**）。

一方，MMA, MA の場合においてはいずれの場合も高い重合度が得られ，か

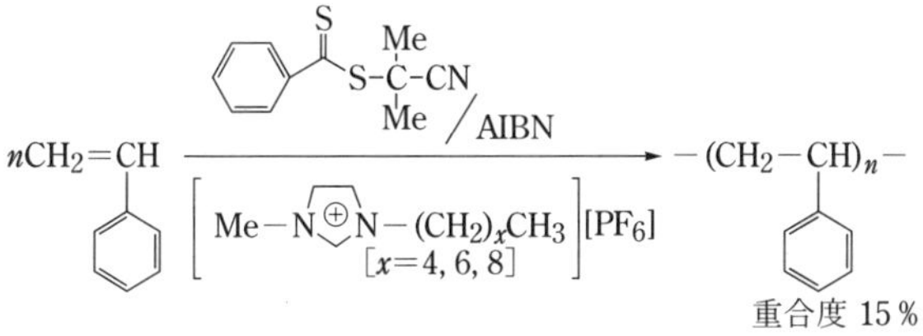

5.2 イオン液体を反応媒体とした高分子合成   137

$$n\text{CH}_2=\text{CH-Ph} \xrightarrow[\text{[Me-N}^+\text{N-(CH}_2)_x\text{CH}_3\text{][PF}_6\text{]}]{\text{Ph-C(=S)-S-C(Me)}_2\text{-CN / AIBN}} -(\text{CH}_2-\text{CH-Ph})_n-$$

重合度 15%

図5.20 イオン液体中におけるジチオベンゾエート類を連鎖移動剤に用いたスチレンのリビングラジカル重合

つ単分散 (M_w/M_n <1.26) でリビング性を示している。特に，重合速度（変化率）はトルエンを重合溶媒とした場合に比べ高い点は興味深い（**図5.21**, **表5.2**）。

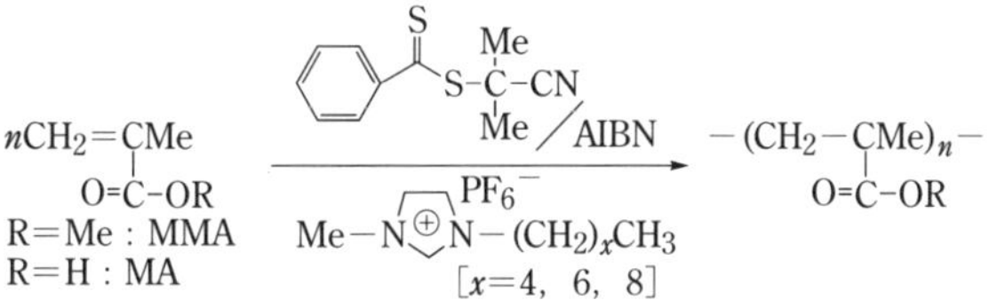

$$n\text{CH}_2=\text{CMe}(\text{COOR}) \xrightarrow[\text{[Me-N}^+\text{N-(CH}_2)_x\text{CH}_3\text{] PF}_6^-]{\text{Ph-C(=S)-S-C(Me)}_2\text{-CN / AIBN}} -(\text{CH}_2-\text{CMe}(\text{COOR}))_n-$$

R=Me : MMA
R=H : MA
[x=4, 6, 8]

図5.21 イオン液体中におけるジチオベンゾエート類を連鎖移動剤に用いたメタクリレート類のリビングラジカル重合

表5.2 図5.20の反応により得られたポリマーの変化率および分子量

モノマー	x（イオン液体）	変化率	M_n (M_w/M_n)
MMA	4	84	59 700 (1.15)
MMA	6	91	66 200 (1.12)
MMA	8	90	67 400 (1.11)
MMA	（トルエン）	72	41 500 (1.14)
MA	4	70	35 600 (1.17)
MA	6	83	51 600 (1.23)
MA	8	85	55 600 (1.26)
MA	（トルエン）	62	34 200 (1.28)

　イオン液体中におけるラジカル重合をより明確にさせるため，得られたポリマーをさらにメチルメタクリレートに可溶化させ，重合させた。その結果，分子量が 69 500 から 94 500 に増加し，M_w/M_n も 1.16 から 1.19 と，いずれの場合も単分散性を示していることから，リビング重合の進行が強く示唆された。

5.3 イオン液体の高分子ゲル電解質への応用

イオン液体は幅広い温度域で液状でありながら蒸気圧がなく（不揮発性），高いイオン伝導性を示すことから，イオン液体の電解質溶液への応用は興味深い．すなわち，高分子化合物によりイオン液体のゲル化が可能となれば新しい高分子ゲル電解質への応用が期待できる．実際，高分子化合物によるイオン液体のゲル化に関する報告がなされるようになった．

高分子化合物によるイオン液体のゲル化に関して最近，フルオロアルキル基が末端に導入されたオリゴマー類が有用であることが報告された．例えば，フルオロアルキル基が末端に導入されたオリゴマー類において，オリゴマー側鎖にベタインセグメントもしくはヒドロキシルセグメントを導入させることにより，図5.22に示すように，ベタインセグメント間でのイオン的な相互作用（もしくはヒドロキシルセグメント間の分子間水素結合），さらにはオリゴマー末端に導入されたフルオロアルキルセグメント間での凝集作用が相乗的に作用し，非架橋条件下にもかかわらず水さらにはメタノール，ジメチルスルホキシド，N,N-ジメチルホルムアミドなどの極性有機溶媒をゲル化させることができ

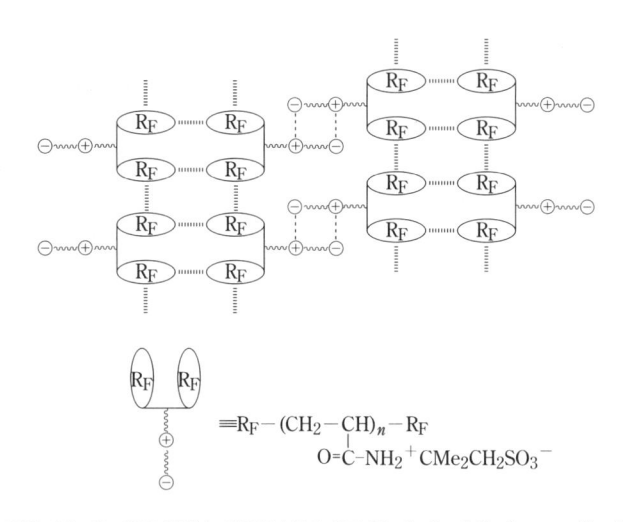

図5.22　R_F-$[CH_2CHC(=O)NH_2^+CMe_2CH_2SO_3^-]_n$-$R_F$ オリゴマーのゲル化

5.3 イオン液体の高分子ゲル電解質への応用

る[4]〜[6]。

そこで実際,イオン液体として 1-エチル-3-メチルイミダゾリウムトリフルオロメタンスルホネート $[C_2mim][Tf]$ に注目し,フルオロアルキル基含有 2-アクリルアミド-2-メチルプロパンスルホン酸オリゴマー $[R_F-[CH_2CHC(=O)NH_2^+CMe_2CH_2SO_3^-]_n-R_F; R_F = CF(CF_3)OC_3F_7, CF(CF_3)OC_6F_{13} : [R_F-(AMPS)_n-R_F]]$ による $[C_2mim][Tf]$ のゲル化について検討された。

$R_F-(AMPS)_n-R_F$ オリゴマーによる $[C_2mim][Tf]$ のゲル化は観測されないものの,ジメチルスルホキシド(DMSO)を共溶媒 $[[C_2mim][Tf] : DMSO=1 : 1$ (体積比)とすることにより $R_F-(AMPS)_n-R_F$ オリゴマーのゲル化が観測された。得られたゲルのイオン伝導性 σ を室温下において測定したところ,表 5.3 に示すように $\sigma=1.2\times10^{-2}$ S/cm の値が得られ,リチウムイオン $[(CF_3SO_2)_2NLi : 2.7$ mmol/g (oligomer)] を含む DMSO 単独系でゲル化させた場合($\sigma= 5.5\times10^{-3}$ S/cm)に比べ高まる結果が得られている。さらに他のイオン液体である 1-メチルピラゾリウムテトラフルオロボレート(MPTFB)と DMSO との 1 : 1 混合溶媒系によりゲル化させた場合($\sigma=5.4\times10^{-3}$ S/cm)に比べても高いイオン伝導性が得られている。

表 5.3 $R_F-(AMPS)_n-R_F [R_F=CF(CF_3)OC_3F_7]$ オリゴマーゲルの臨界ゲル形成濃度(30℃)と室温下におけるプロトン導電性(σ)

ゲル溶液	DMSOとイオン液体 との混合比率〔vol%〕	臨界ゲル形成濃度 C_{min} 〔g/dm³〕	σ 〔S/cm〕
$[C_2mim][Tf]$	1 : 1	236	1.2×10^{-2}
	2 : 1	204	5.2×10^{-3}
[MPTFB]	1 : 1	108	5.4×10^{-3}

イオン液体として,$[C_2mim][Tf]$ ではなく MPTFB を用いた場合においては,$R_F-(AMPS)_n-R_F$ オリゴマーによる MPTFB 単独のゲル化が可能となった。なお,$R_F=CF(CF_3)OC_3F_7$ に比べ $R_F=CF(CF_3)OC_6F_{13}$ を有するオリゴマーにおいて,よ

り均一なゲルの形成が確認された。R_F-(AMPS)$_n$-R_F [R_F＝$CF(CF_3)OC_6F_{13}$] オリゴマーによりゲル化させた MPTFB のイオン伝導性は，室温下においてσ＝1.02×10^{-2} S/cm の高い値が得られ，R_F＝$CF(CF_3)OC_3F_7$を用いた DMSO 系に比べ，より高まる結果が得られた。特に，リチウムイオンを添加させない系において R_F-(AMPS)$_n$-R_F オリゴマーによりゲル化させた MPTFB は 10^{-2} S/cm レベルの高いイオン伝導性を示す結果は興味深く，プロトン伝導型二次電池への応用が期待できる。実際，MPTFB 均一ゲルを電解質としたプロトン二次電池の充放電特性について検討を行った結果を図 5.23 に示す。

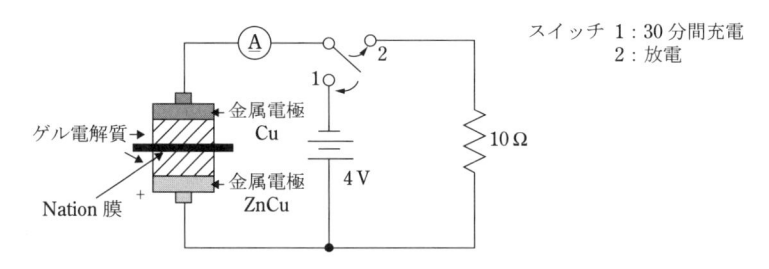

図 5.23 R_F-(AMPS)$_n$-R_F [R_F＝$CF(CF_3)OC_6F_{13}$]オリゴマーイオン液体ゲル (1-methylzolium tetrafluoroborate) を電解質とした充放電実験回路を用いて行ったプロトン伝導型二次電池への応用

図に示したように，R_F-(AMPS)$_n$-R_F オリゴマーによりゲル化させたイオン液体をゲル電解質とした二次電池の 4 V の電圧を掛けたときの充放電特性について検討された。その結果，図 5.24 に示すように，30 分間充電した後の放電においては，初期の電圧（4 V）は低下するものの，30 分間の放電特性においては 0.6 V の最終保持電圧を示しており，新しいタイプのフッ素系高分子ゲル電解質への応用が大いに期待できる。特にフッ素系高分子は従来の炭化水素系高分子には見られない優れた界面活性な性質を示し，さらに耐薬品性などの性質を示すものが多い。特に二次電池においては液漏れや耐薬品性，耐候性の低さが問題になっていることから，フッ素系高分子ゲルの応用はきわめて興味深い。

フッ素系高分子化合物としてポリ(ビニリデンフルオリド)-ヘキサフルオロプロピレンコポリマー [PVdF-HFP] によるイオン液体のゲル化に関して報告

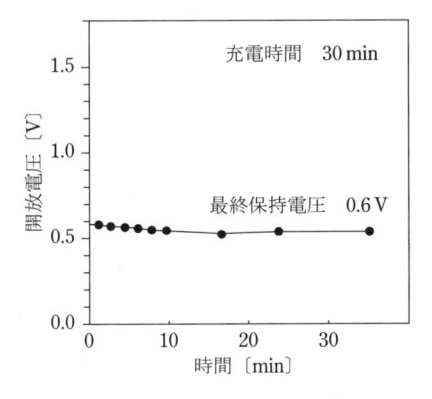

図5.24 $R_F-(AMPS)_n-R_F$ [$R_F=CF(CF_3)OC_6F_{13}$]
オリゴマーイオン液体ゲルを電解質とした
プロトン二次電池の充放電特性

がなされた。使用されたイオン液体は，1-エチル-3-メチルイミダゾリウムトリフルオロメタンスルホネート [C_2min][Tf] および1-エチル-3-メチルイミダゾリウムテトラフルオロボレート [C_2min][BF_4] である。

[PVdF–HFP] によるイオン液体のゲル化は，イオン液体とプロピレンカーボネート (PC) の混合溶媒中にコポリマーを加え，75℃ に加熱することにより達成する。ついで得られたゲルを 80℃，真空下で加熱することにより PC を除去し，室温下（約 22℃）で高分子ゲル電解質のイオン伝導性の測定が行われた。結果を**表5.4**に示す。

表5.4 室温下における [PVdF–HFP]-イオン液体ゲル電解質のイオン伝導性

イオン液体	イオン液体：コポリマーの重量比	イオン伝導性 σ [mS/cm]
[C_2mim][Tf]	1.1 : 1	1.1
[C_2mim][Tf]	1 : 1	1.3
[C_2mim][Tf]	5 : 1*	8.0
[C_2mim][Tf]	10 : 1*	7.3
[C_2mim][BF_4]	2 : 1	1.3
[C_2mim][BF_4]	7 : 1*	11.0

*PC を使用せずにゲルを調製

表に示したように，イオン伝導性はコポリマーに対してイオン液体の割合を高めることにより高まる傾向が得られている。特にイオン伝導性は測定温度を

室温下から 205 ℃ に高めることにより 41 mS/cm まで高まる。また疎水性の高いイオン液体：1-ブチル-3-メチルイミダゾリウムヘキサフルオロボレート([C_4mim][PF_6])–[PVdF–HFP] コポリマーゲルのイオン伝導性の測定も行われており，ほぼ同等の値（$\sigma = 1.8$ mS/cm）が得られている。

高分子化合物によりイオン液体をゲル化させる試み以外に，イオン液体分子をユニットとしてポリマー側鎖に導入させる試みがなされた。例えば，1-ビニルイミダゾール [VyIm] と p-トルエンスルホン酸エチル [TosEt] との反応もしくは 1-エチルイミダゾール [EtIm] とクロロメチルスチレンとの反応によりイオン液体分子ユニットを有するモノマー類の合成がなされた（**図 5.25**）。

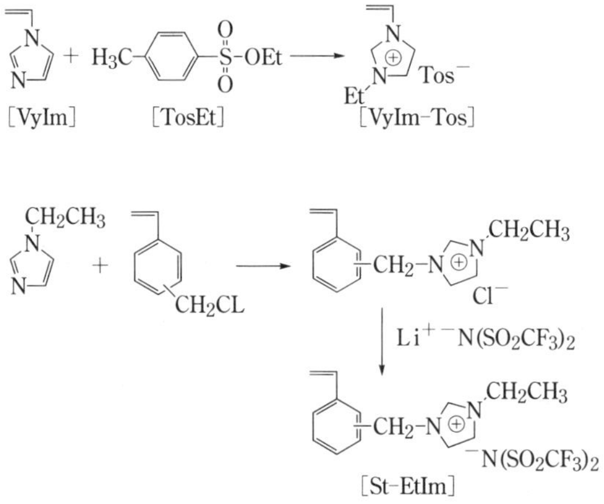

図 5.25 イオン液体分子ユニットを有する重合性モノマー類の合成

さらにこれらモノマー類を AIBN を重合開始剤とすることによりそれぞれ対応するポリマーが合成された（**図 5.26**）。

図 5.25 に示したモノマー [VyIm–Tos] および [St–EtIm] の類縁体は，**図 5.27** に示すように 10^{-4} S/cm レベルのイオン伝導性を示すのに対し，図 5.26 に示したポリマーのイオン伝導性は 10^{-6} S/cm レベルにまで低下する。しかしながら，ポリマーに対して等量の LiN(CF_3SO_3)$_2$ を添加することにより 10^{-5} S/cm レベルまで向上する。

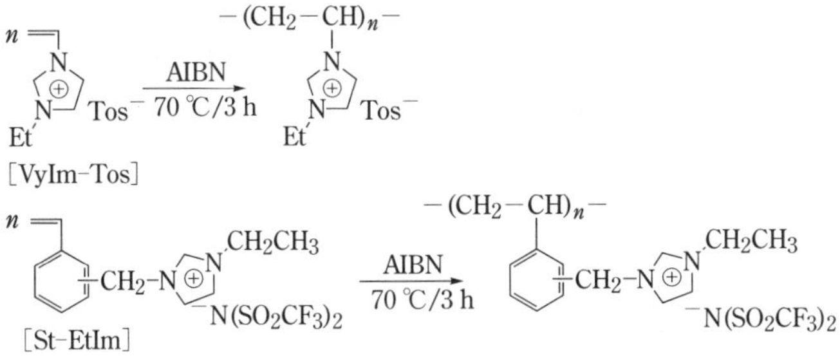

5.3 イオン液体の高分子ゲル電解質への応用　　143

図5.26 イオン液体分子ユニットを有するポリスチレンの合成

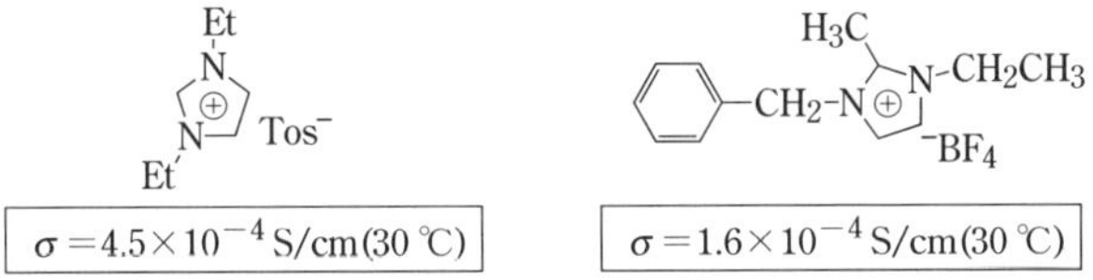

$\sigma = 4.5 \times 10^{-4}$ S/cm(30 ℃)　　$\sigma = 1.6 \times 10^{-4}$ S/cm(30 ℃)

図5.27 重合性モノマー類縁体イオン液体のイオン伝導性

ビニルイミダゾリウム塩の対アニオン部位としてビニルスルホネートアニオンおよびアクリロキシプロパンスルホネートアニオンを導入させたイオン液体のラジカル重合が報告された（**図5.28**）。

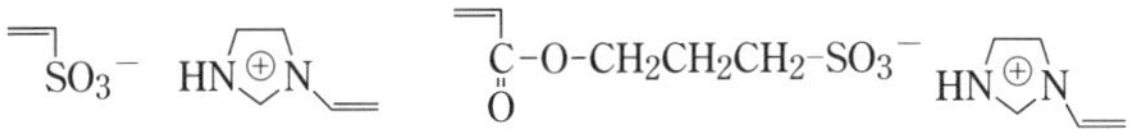

図5.28 ビニルスルホン酸およびアクリロキシプロパンスルホン酸型イオン液体

しかしながら，これらモノマーより合成されたポリマーのイオン伝導性(30 ℃)は 10^{-9} S/cm と低い傾向を示した。

1-エチルイミダゾールと1,3-プロパンスルトンおよび1,4-ブタンスルトンとの反応により，双性イオン型のイオン性液体がそれぞれ合成された（**図5.29**）。この双性型のイオン液体は [PVdF-HFP] コポリマーにより容易にゲル化する。双性イオン型のイオン液体のイオン伝導性は室温下で 10^{-5} S/cm レベルであるが，双性型イオン液体を 66 wt% 含む [PVdF-HFP] コポリマーゲルのイオン

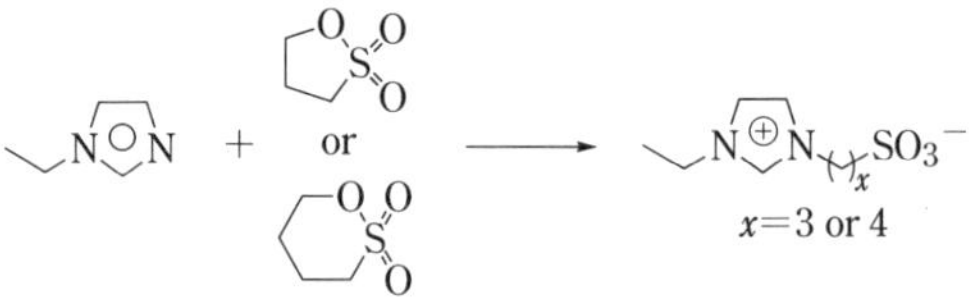

図 5.29 双性イオン型イオン液体の合成

伝導性はイオン液体と同じ 10^{-5} S/cm レベルであることがわかった。さらに，これらフッ素系高分子ゲルは 390 ℃ まで重量減少が見られないことから，耐熱性も高く，新しい高分子ゲル電解質として注目される。

ビニル基もしくはアクリロイル基が導入された双性イオン型のイオン液体が合成された（**図 5.30**）。

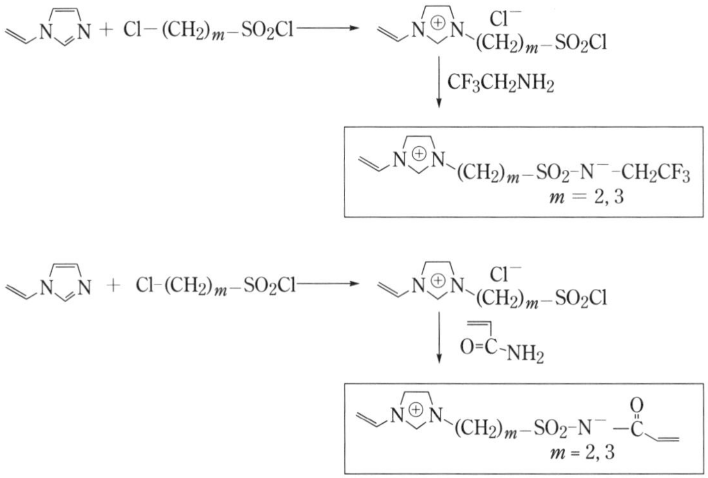

図 5.30 ラジカル重合性双性イオン型イオン液体モノマーの合成

これらモノマー類に等量の $LiN(CF_3SO_2)_2$ を添加することによりイオン伝導性は 10^{-5} S/cm（50 ℃）レベルにまで高まる。同様にこれらモノマー類を重合させたポリマーにおいても $LiN(CF_3SO_2)_2$ を添加することにより同等の値が得られている。

N-ビニルイミダゾールと HBF_4 との反応により，対応するビニルイミダゾリ

5.3 イオン液体の高分子ゲル電解質への応用　　*145*

ウム塩（イオン液体）を合成し，ついで AIBN を重合開始剤とすることによりポリマーへと誘導できる。モノマーのイオン伝導性は 1.1×10^{-4} S/cm（30 ℃）と比較的高いのに対し，対応するポリマーにおいては極端に低下する($\sigma=1.1\times10^{-9}$ S/cm：30 ℃)（**図 5.31**）。

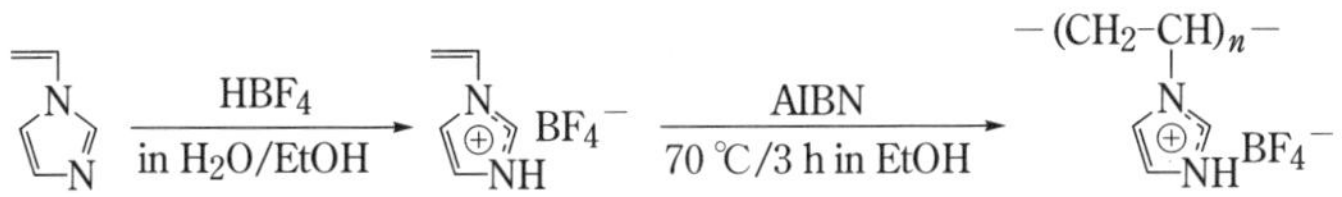

図 5.31　ビニルイミダゾリウム塩の合成と重合

イオン液体 $[C_2mim][BF_4]$ もしくは 1-ブチルピリジニウムテトラフルオロボレート $[BPBF_4]$ へのモノマーおよびポリマーの溶解性が検討された。

表 5.5 に示すように，イオン液体へのモノマーの溶解性はスチレンおよびメチルメタクリレートに比べ，HEMA（2-ヒドロキシエチルメタクリレート）において高く，さらに得られたポリマーにおいてもポリ(HEMA)において高まる。

表 5.5　イオン液体へのモノマーおよびポリマーの溶解性

	$[C_2mim][PF_4]$		$[BPBF_4]$	
	モノマー	ポリマー	モノマー	ポリマー
HEMA	○	△	○	△
メチルメタクリレート	×	—	○	×
スチレン	×	—	×	—

○：透明な溶液，△：半透明な溶液，×：相分離

そこで，モノマーとして HEMA に注目し，エチレングリコールジメタクリレート $[CH_2=CMeCO_2CH_2CH_2O_2CCMe=CH_2]$ などの架橋剤存在下でラジカル重合させることにより，イオン液体が含有された架橋物，すなわち高分子ゲル電解質が合成された（**図 5.32**）。

興味深いことに，得られた高分子ゲル電解質は 30 ℃ において 10^{-3} S/cm レベルの高いイオン伝導性を示した。

ポリ(オキシエチレン)ユニットはイオン伝導性を高める官能基として有用である。したがって，イミダゾリウム塩ユニット中にポリ(エチレンオキシド)

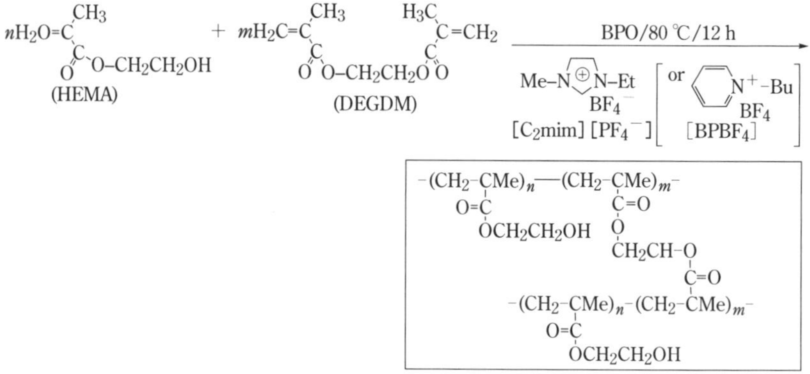

$n\text{H}_2\text{O}=\text{C}\begin{smallmatrix}\text{CH}_3\\|\\\text{C}\\||\\\text{O}\end{smallmatrix}\text{O}-\text{CH}_2\text{CH}_2\text{OH}$ + $m\text{H}_2\text{C}=\text{C}\begin{smallmatrix}\text{CH}_3\\|\\\text{C}\\||\\\text{O}\end{smallmatrix}\text{O}-\text{CH}_2\text{CH}_2\text{O}\begin{smallmatrix}\text{H}_3\text{C}\\|\\\text{C}=\text{CH}_2\\||\\\text{O}\end{smallmatrix}$

(HEMA)　　　　　　(DEGDM)

BPO/80 ℃/12 h, [C₂mim][PF₄⁻] または [BPBF₄]

→

-(CH₂-CMe)ₙ—(CH₂-CMe)ₘ-
　　|　　　　　　|
　　C=O　　　　　C=O
　　|　　　　　　|
　OCH₂CH₂OH　　O
　　　　　　　　|
　　　　　　　CH₂CH-O
　　　　　　　　　　|
　　　　　　　　　 C=O
　　　　　　　　　　|
　-(CH₂-CMe)ₙ-(CH₂-CMe)ₘ-
　　|
　O=C
　　|
　OCH₂CH₂OH

図 5.32 イオン液体を含有する高分子ゲル電解質の合成

ユニットが組み込まれたラジカル重合性モノマーの高分子化は興味深い。実際，**図 5.33** に示すモノマー類の重合が検討され，10^{-4} S/cm レベルのイオン伝導性が得られている。

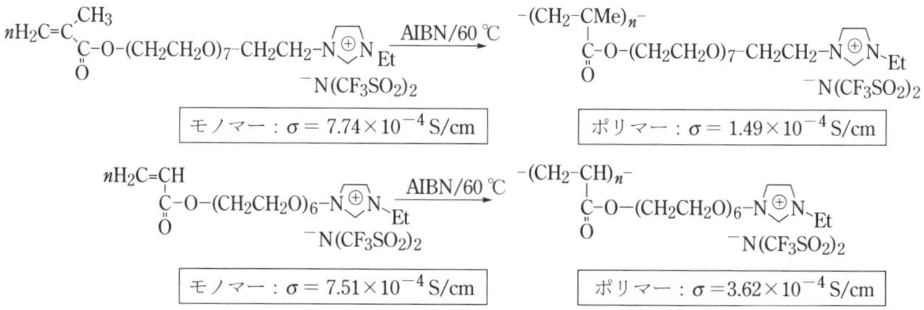

モノマー：$\sigma = 7.74 \times 10^{-4}$ S/cm　→ AIBN/60℃ → ポリマー：$\sigma = 1.49 \times 10^{-4}$ S/cm

モノマー：$\sigma = 7.51 \times 10^{-4}$ S/cm　→ AIBN/60℃ → ポリマー：$\sigma = 3.62 \times 10^{-4}$ S/cm

図 5.33 イミダゾリウム塩ユニットを有するポリ(オキシエチレン)ユニット含有ポリマーの合成

5.4　イオン液体の導電性ポリマー合成への応用

導電性ポリマーとして有用なポリ(p-フェニレン)[PPP]は金属触媒下にて容易に合成できる。塩化アルミニウムおよびブチルピリジニウムクロリドとの反応により得られるイオン液体を重合溶媒とし，触媒として CuCl_2 を用いることにより PPP が合成された（**図 5.34**）。

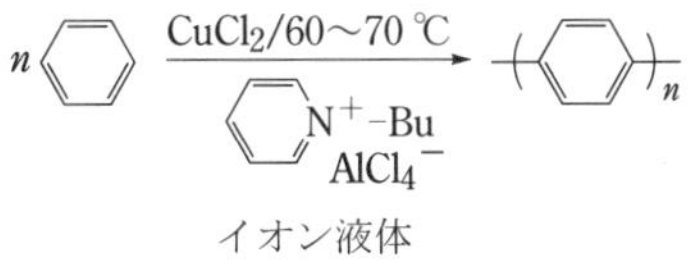

図 5.34 イオン液体存在下における
ポリ(p-フェニレン)の合成

　得られた PPP のイオン液体への溶解性は汎用の有機溶媒への溶解性に比べ高まり，PPP の重合度もイオン液体において高まる傾向にある。

　塩化アルミニウム-ブチルピリジニウムクロリド，エトキシジクロロアルミニウム-ブチルピリジニウムクロリドおよび塩化アルミニウム-1-エチル-3-メチルイミダゾリウムクロリドより得られるイオン液体を重合溶媒とした電解重合法による PPP の合成もそれぞれ報告されている。

5.5　イオン液体の可塑剤への応用

　PMMA などの高分子化合物をプラスチックに成形する場合，そのままプラスチックに成形すると固い材料となるため，比較的軟らかな材料に成形する方法が一般的にとられている。この軟らかくするために添加する物質が可塑剤であり，従来よりジオクチルフタレート（DOP）などの化合物がよく使用されている。最近 DOP の代わりに**図 5.35** に示すイオン液体を用いる方法が報告された。

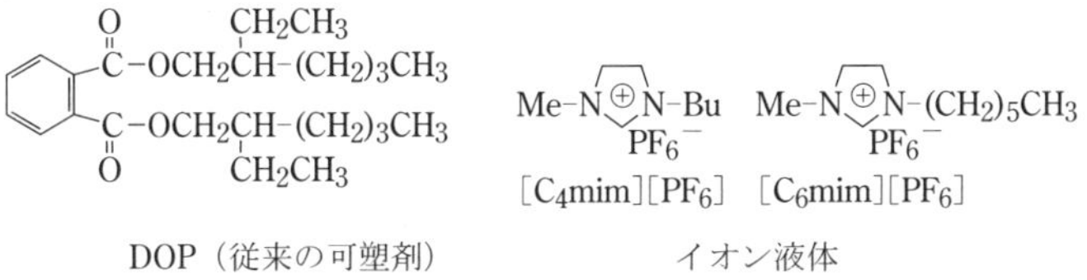

図 5.35　イオン液体の可塑剤への応用

　例えば，PMMA 中に可塑剤として DOP さらには [C_4mim][PF_6] を加え成形されたプラスチックの熱安定性試験が行われた。

表5.6に示すように,従来の可塑剤であるDOPを添加した場合に比べ,イオン液体を添加したプラスチックの熱安定性が著しく高まる結果が得られており,興味深い結果といえる。

表5.6　170℃,21日間放置後のPMMA/DOP,PMMA/[C$_4$mim][PF$_6$]の重量減少率

PMMAに対する可塑剤の添加率〔%〕	成形プラスチックの重量減少率〔%〕
PMMA(可塑剤無添加)	2.3
[C$_4$mim][PF$_6$]　10	2.9
[C$_4$mim][PF$_6$]　15	3.4
[C$_4$mim][PF$_6$]　20	4.6
[C$_4$mim][PF$_6$]　30	5.7
[C$_4$mim][PF$_6$]　35	6.7
[C$_4$mim][PF$_6$]　40	6.9
DOP　20	15.2
DOP　30	24.2

PMMAのガラス転移温度T_gは,DOP添加(10%添加)の系においては120℃から80℃に低下し,さらにそれ以上添加させても(～20%,30%)ほぼ一定の値が得られるのに対し(PMMAへのDOPの溶解性が低いことがその理由に考えられる),イオン液体を使用した場合は120℃から添加量の増加とともにT_gは直線的に低下し,50%添加([C$_4$mim][PF$_6$])させると20℃付近まで低下する点は興味深い。

イオン液体を重合媒体とした高分子合成は,従来のベンゼン,トルエンなどに代表される揮発性有機溶媒を用いた系には見られない数多くの興味深い特徴が見いだされている。特にイオン液体を用いることによる分子量の制御は,今後新しい機能性高分子材料の開発の観点から興味深い。イオン液体の高分子ゲル電解質への応用は,今後,色素増感太陽電池への展開を含めますます研究が活発化されるものと思われる。この章では,イオン液体の高分子材料への応用として可塑剤の例を紹介したが,イオン液体は可塑剤以外の種々の分野の応用展開も十分に期待できるものであり,今後のさらなる研究成果が確信される。

参 考 文 献

1 章
1) 御園生誠, 村橋俊一(編)：グリーンケミストリー, 講談社サイエンティフィク (2001)
2) 大野弘幸(監修)：イオン性液体―開発の最前線と未来, シーエムシー出版 (2003)
3) 北爪智哉：マテリアルインテグレーション, **5**, 15-19 (2003)

2 章
1) V. Gutmann (大瀧仁志, 岡田 勲訳)：ドナーとアクセプター, 学会出版センター (1983)
2) F. M. Gray：Solid Polymer Electrolytes, VCH Publishers, NY (1991)
3) 大野弘幸(監修)：イオン性液体―開発の最前線と未来, シーエムシー出版 (2003)
4) 北爪智哉 ：化学工業, **55**-5, 26-30 (2004)；**55**-11, 9-13 (2004)

3 章
1) 溶媒の極性について：
   a) C. Reichardt：Solvents and Solvent Effects in Organic Chemistry, third, updated and enlarged edition, Wiley-VCH Verlag GmbH & Co. KGaA, Weinheim (2003)
   b) 奥山 格：有機化学反応と溶媒, シリーズ有機化学の探検, 丸善 (1998)
2) イオン液体を反応媒体に用いる反応について：
   a) P. Wasserscheid and T. Welton (Eds.)：Ionic Liquids in Synthesis, Wiley-VCH Verlag GmbH & Co. KGaA, Weinheim (2003)
   b) R. D. Rogers and K. R. Seddon (Eds.)：Ionic Liquids as Green Solvents, Progress and Prospects, ACS Symposium Series 856, American Chemical Society (2003)
3) 太田博道：生体触媒を使う有機合成, 講談社サイエンティフィク (2003)（生体触媒反応を使う有機合成について現在最もお薦め）
4) イオン液体中の酵素反応のレビュー：
   a) S. Park and R. J. Kazlauskas：*Current Opinion Biochemistry*, **14**, 432-437 (2003)
   b) U. Kragl, M. Eckstein and N. Kaftzik：*Current Opinion Biochemistry*, **14**, 565-571

(2003)

  c) 伊藤敏幸：化学と教育，**52**, 520-523 (2004)；機能材料，**24**, 27-33 (2004)；化学と生物，**42**, 717-723 (2004)

5) 藤沢 有：パン酵母還元における選択性の制御とその応用，山田英昭・土佐哲也・上野民夫（共編）「ハイブリッドプロセスによる有用物質生産—生化学反応と有機合成反応の組合せ」，化学創刊 119，化学同人，京都 (1991)

6) 北爪智哉, 他：化学工業，**55**-11, 1-70 (2004)

7) T. Kitazume : ACS Symposium Series 819, 50-63, ACS, Washington, D. C. (2002)

4 章

1) 御園生誠，村橋駿一(編)：グリーンケミストリー，講談社サイエンティフィク (2001)

2) 石井英樹，淵上寿雄：*Electrochemistry*，**70**, 46 (2002)

3) 淵上寿雄, 跡部真人：マテリアルインテグレーション，**16**, 20 (2003)

4) 淵上寿雄：機能材料，**24**-11, 20 (2004)；化学工業，**55**-11, 23 (2004)

5) H. Ohno (Ed.) : Electrochemical Aspects in Ionic Liquids, John Wiley (2005)

6) 百田邦尭：溶融塩，**39**, 7 (1996)

7) 淵上寿雄：溶融塩，**46**, 129 (2003)

8) 淵上寿雄, 跡部真人：化学と工業，**57**, 605 (2004)

9) 松永守央：溶融塩，**47**, 13 (2004)

5 章

1) C. J. Hawker : *Acc. Chem. Res.*, **30**, 373 (1997)

2) K. Matyjaszewski and J. Xia : *Chem. Rev.*, **101**, 2921 (2001)

3) M. Kamigaito, T. Ando and M. Sawamoto : *Chem. Rev.*, **101**, 3689 (2001)

4) 沢田，川瀬：有機合成化学協会誌，**57**, 291 (1999)

5) 沢田，川瀬：高分子論文集，**58**, 147 (2001)

6) 沢田，川瀬：高分子論文集，**58**, 255 (2001)

索　　　引

【あ】

亜鉛試薬　　　　　　　　　84
アクリル酸クロリド　　　　53
アクリル酸メチル　　　　　52
アジピン酸エチル　　　　　72
アジリジン　　　　　　　　56
アシルエンザイムコンプレックス　　　　　　　　　67
アスパラギン酸　　　　　　62
アセチル化　　　　　　　　36
アセトニトリル　　　　　　33
アゾビスイソブチロニトリル　　　　　　　　　　130
アトムエコノミー　110, 112
アニオン交換法　　　　　　 6
アニオンラジカル　　　　　46
アルカロイド　　　　　　　54
アルキルスルホン酸　　　　36
アルキルリチウム　　　　　49
アルギン酸固定化酵母　　　74
アルドール反応　　　　　　50
アルミナ処理　　　　　　　44
アルミナ担持三価鉄塩　　　46
アンモノリシス　　　　　　40

【い】

イオン液体　　　　　　　　32
イオン液体サポート触媒　　44
イオン液体サポート反応　　40
イオン伝導性　　　　143, 146
イオン伝導度　　　　　　　25
イソブチルアミン　　　　　53
イソブチルビニルエーテル　　　　　　　　　　125

1-アルキル-3-メチルイミダゾリウムヘキサフルオロホスフェート　　　136
1-エチル-3-メチルイミダゾリウム　　　　　　　35
1-エチル-3-メチルイミダゾリウムテトラフルオロボレート　　　　　　　141
1-エチル-3-メチルイミダゾリウムトリフルオロメタンスルホネート　　　　　　　139, 141
1,3-双極子付加反応　52, 53
1 電子酸化　　　　　　　　46
1-ブチル-3-メチルイミダゾリウムヘキサフルオロホスフェート　　130, 132
1-ブチル-3-メチルイミダゾリウムヘキサフルオロボレート　　　　　142
1-ブチル-2,3-ジメチルイミダゾリウム　　　　　　69
1-ブチルピリジニウムテトラフルオロボレート　145
1-メチルピラゾリウムテトラフルオロボレート　139
1,4-ブタンジオール　　　　72
イニファーター　　　　　126
イミダゾリウム塩　　　　　32
イミダゾリウムカルベン　39
イミン　　　　　　　　　　50
イリジウム触媒　　　　　　43

【う】

ウレタン　　　　　　　　　45

【え】

液晶性イオン流体　　　　　28
エステル化　　　　　　　　36
エステル交換反応　　　　　67
エーテル抽出　　　　　　　36
エナンチオ選択性　　　　　65
エノール化　　　　　　　　55
エポキシド　　　　　　　　35
エマルジョン状　　　　　　61
塩化インジウム　　　　　　37
エンド体　　　　　　　　　51
塩溶媒　　　　　　　　　　 1

【お】

オキサゾリン　　　　　　　54
オクタン酸　　　　　　　　62
オクタン酸メチル　　　　　68
オリゴマー化　　　　　　　68
オレフィンメタセシス反応　　　　　　　　　　　43

【か】

開環重合反応　　　　　　　72
過オクタン酸　　　　　　　63
可逆付加-開裂連鎖移動　129
核　酸　　　　　　　　　　56
過酸化ベンゾイル　　　　130
可塑剤　　　　　　　　　147
カチオンラジカル　　　　　46
活性メチレン化合物　　　　41
ガラス転移温度　　　25, 148
カルベン　　　　　　　　　49
カルベン型錯体　　　　　　38

【き】

極性溶媒	32
キラル二級アルコール	61

【く】

グリーンサステイナブルケミストリー	1
グルコースオキシダーゼ	74
グループトランスファー重合	124
クロラニル	103
クロルイナミン	53

【け】

桂皮酸ビニル	71
ゲル化	138
原子移動ラジカル重合	128, 132

【こ】

酵素固定化担体	70
酵素阻害作用	67
酵素の固定化	70
抗体酵素	92
高分子ゲル電解質	138, 145
50% 過酸化水素	45
固相反応	40
5-フェニル-1-ペンテン-3-オール	64
互変異性	67

【さ】

サイクリックボルタンメトリー	103
再使用システム	76
最適温度	61
砂糖	48, 52
サリチル酸ナトリウム	55
サレン-クロム錯体	44
酸エステル法	8
酸化剤	44

酸化反応	44
酸化レニウム	45
3-シアノベンズアミド	62
3-シアノベンゾニトリル	62
酸触媒反応	49

【し】

ジアザビシクロウンデセン	49
ジアステレオ	37
ジアゾ酢酸エチル	56
シアノヒドリン化	44
ジオクチルフタレート	147
シクロブタジエン	52
シッフ塩基	67
至適 pH	61
ジメチルスルホキシド	33
臭化アルキル	56, 58
充放電特性	140
縮合重合	122
常温常圧	61
蒸気圧	32
シリカゲル担持	43
シリルエノールエーテル	54, 55
シリル交換	55

【す】

水素添加反応	43
スカンジウムトリフラート	53
鈴木-宮浦カップリング	39
スルフィド	74
スルホン酸	70

【せ】

セラミック	70
セレン	45
セレン酸イオン	45
セレン酸カリウム	45
遷移金属触媒	37
選択的電解フッ素化	109

【そ】

双性イオン	24
双性型イオン液体	143
層分離現象	21
疎水環境	60
薗頭反応	29, 39

【た】

多価イオン性塩	27
脱硫フッ素化	113
タングステンオキシド	70
炭酸水素カリウム	53
単分散	126, 136
単分散性	133

【ち】

チアゾリン配位子錯体	38
中和法	10
超音波照射	109
超臨界	20
超臨界二酸化炭素	71

【て】

デカント	44
デザイナー流体	77
鉄塩触媒	46
テトラチオフルブレン	103
電位窓	97, 99, 101
電解還元脱塩素化	104
電解還元的カップリング	107
電解還元的脱ハロゲン化	108
電解質溶液	138
電解重合	117
電解脱硫フッ素化	113
電解メディア	98
電気化学アクチュエーター	117
電気化学的 CO_2 固定	106
電気化学的容量密度	118

電析	120	

【と】

導電性高分子	115
導電性ポリマー	146
導電性ポリマー合成	146
導電率	14, 99
銅トリフラート	36
トリプルイオン型塩	26
トリメチルシリルアジド	44

【な】

難燃性	47
難燃性の溶媒	59

【に】

二価パラジウム	39
[2+3]型環化反応	46
ニトロキシドラジカル	127
2-(2-シアノ)ジチオベンゾエート	136
二分子膜	23
乳酸ダイマー	50

【ね】

粘　性	99

【は】

バイオリアクター	61
バナジウムサレン錯体	44
パラジウム	37
パラジウム二核錯体	37
ハロゲン化反応	58
ハロゲンフリー	70
パン酵母	61
反応加速	46
反応媒体	130

【ひ】

ビストリメチルシリル酢酸アミド	55
ヒドロキシメチル基	52

ヒドロスタニル化	40
ビニルアルコール	67
非プロトン性	32
非プロトン性極性溶媒	33

【ふ】

フェニル基	37
フェニルチオ酢酸メチル	68
フェノキシ酢酸メチル	68
フェロセン	35
付加重合	122
不斉アシル化反応	64
不斉還元	61
不斉還元反応	61
不斉酸化反応	74
不斉収率	44
不斉相間移動触媒反応	54
不斉フッ素化	41, 54
不斉Mannich反応	50
フッ化セシウム	56
フッ化物イオン	56
ブドウ糖	61
フラクトース	48
フリーデル-クラフツアシル化反応	35
フルオロヒドリン	58
プロトン性溶媒	33
プロトン伝導型二次電池	140
分散比	127
分子集合体	22

【へ】

ペルオキシダーゼ	74
ベンジルエステル	55

【ほ】

ホスフィンオキシド	49
ポリアニリン	115
ポリエステル合成	72
ポリエチレングリコール	71
ポリエーテル系塩	27

ポリ(3,4-エチレンジオキシチオフェン)	120
ポリチオフェン	115
ポリピロール	115
ポリフェニレン	120
ポリマー化	51
ボルタンメトリー	103
ポルフィリンマンガン錯体	44

【み】

ミカエリス定数	65

【む】

無水酢酸	35, 36

【め】

メシラート	56
メソポラスシリカ	70
メディエーター	104
メトキシエトキシ	56
メトキシエトキシスルホン酸	70

【ゆ】

有機分子触媒系	86

【よ】

溶媒効果	113
ヨージド	35
ヨード酢酸	44
四級アンモニウム塩フッ素化剤	54

【り】

リビングアニオン重合	123
リビングカチオン重合	125
リビング性	136
リビングポリメリゼーション	50
リビングラジカル重合	126
リン酸オキシド	72

154　索　　　引

【る】
ルイス酸　　　　　　　35, 36

【れ】
連鎖移動剤　　　　　　136

【ろ】
ロジウム触媒　　　　　41, 42

【A】
a-クロロプロピオン酸　70
a-テトラロン　　　　　55
atom transfer radical
　polymerization　　　128
ATRP　　　　　　　　128

【B】
Baeyer-Villiger 反応　　45
Baylis-Hillman 反応　　50
BINAP　　　　　　　41
Brönsted 酸　　　　　　36

【C】
Cbz　　　　　　　　　62
Co(II)(salen)錯体　　　108

【D】
DAST　　　　　　　　41
DBU　　　　　　　　49
Diels-Alder 反応　　　　52
DMF　　　　　　　　37

【E】
ε-カプロン酸　　　　　72
E 値　　　　　　　　65
E_T^N 値　　　　　　33

【G】
green 溶媒　　　　　　48

【H】
group transfer 重合　　124
Grubbs 触媒　　　　　43

【H】
Heck 反応　　　　　37, 85
Hörner-Wadsworth-Emmons
　反応　　　　　　　49, 84

【K】
Knoevenagel 反応　　　49

【L】
L-フェニルアラニンメチルエ
　ステル　　　　　　　62
L-プロリン　　　　　　50

【M】
Mannich 反応　　　　　37

【N】
N-アルキルピリジニウム塩
　　　　　　　　　　　32
Ni(II)(salen)錯体　　　104

【P】
p-トルエンスルホン酸　57

【R】
RAFT 重合　　　　　136
Reichardt 色素　　　　33

【ろ】
reversible addition-
　fragmentation chain transfer
　　　　　　　　　　129
Rosenmund-von Brown 反応
　　　　　　　　　　　41

【S】
Schotten-Baumann 反応　53
S_N2 反応　　　　　　56
Stokes-Einstein 式　　　14

【T】
t-ブトキシカリウム　　50
thermolysin　　　　　　62

【U】
Ullman 反応　　　　　41

【W】
Walden 則　　　　14, 100
Weinreb 法　　　　　　53
Wittig 反応　　　　49, 50

【Z】
Zigler-Natta 重合　　　132

― 著者略歴 ―

北爪　智哉（きたづめ　ともや）
1970 年　群馬大学工学部応用化学科卒業
1975 年　東京工業大学大学院博士課程修了（化学工学専攻）
　　　　工学博士（東京工業大学）
1985 年　東京工業大学助教授
2002 年　東京工業大学大学院教授（生命理工学研究科）
　　　　現在に至る

淵上　寿雄（ふちがみ　としお）
1969 年　群馬大学工学部合成化学科卒業
1974 年　東京工業大学大学院博士課程修了（化学工学専攻）
　　　　工学博士（東京工業大学）
1986 年　東京工業大学助教授
1998 年　東京工業大学大学院教授（総合理工学研究科）
　　　　現在に至る

沢田　英夫（さわだ　ひでお）
1978 年　群馬大学工学部応用化学科卒業
1980 年　東京都立大学大学院修士課程修了（化学専攻）
　　　　日本油脂(株)勤務
1986 年　理学博士（東京都立大学）
1993 年　奈良工業高等専門学校助教授
2000 年　奈良工業高等専門学校教授
2002 年　弘前大学教授（理工学部）
　　　　現在に至る

伊藤　敏幸（いとう　としゆき）
1976 年　東京教育大学農学部農芸化学科卒業
1976 年　三重県立高校教諭（桑名工業高校，神戸高校）
1986 年　理学博士（東京大学）
1990 年　岡山大学助教授
1990 年　コロラド州立大学化学科博士研究員（1 年間）
2001 年　鳥取大学助教授
2004 年　鳥取大学教授（工学部）
　　　　現在に至る

イオン液体 ─常識を覆す不思議な塩─
Ionic Liquid ─ Unreasonable Fantastic Salt ─

© Kitazume, Fuchigami, Sawada, Itoh 2005

2005年 3 月11日 初版第 1 刷発行
2005年10月30日 初版第 2 刷発行

検印省略	著 者	北　爪　智　哉
		淵　上　寿　雄
		沢　田　英　夫
		伊　藤　敏　幸
	発 行 者	株式会社　コロナ社
		代 表 者　牛来辰巳
	印 刷 所	壮光舎印刷株式会社

112-0011　東京都文京区千石 4-46-10
発行所　株式会社　コロナ社
CORONA PUBLISHING CO., LTD.
Tokyo　Japan
振替 00140-8-14844・電話(03)3941-3131(代)
ホームページ http://www.coronasha.co.jp

ISBN 4-339-06607-9　　（佐藤）　　（製本：グリーン）
Printed in Japan

無断複写・転載を禁ずる
落丁・乱丁本はお取替えいたします

地球環境のための技術としくみシリーズ

(各巻A5判)

コロナ社創立75周年記念出版

- ■編集委員長　松井三郎
- ■編集委員　小林正美・松岡　譲・盛岡　通・森澤眞輔

配本順				頁	定価
1.	(1回)	今なぜ地球環境なのか	松井三郎編著	230	3360円
		松下和夫・中村正久・髙橋一生・青山俊介・嘉田良平 共著			
2.	(6回)	生活水資源の循環技術	森澤眞輔編著	304	4410円
		松井三郎・細井由彦・伊藤禎彦・花木啓祐・荒巻俊也・国包章一・山村尊房 共著			
3.	(3回)	地球水資源の管理技術	森澤眞輔編著	292	4200円
		松岡譲・髙橋潔・津野洋・古城方和・楠田哲也・三村信男・池淵周一 共著			
4.	(2回)	土壌圏の管理技術	森澤眞輔編著	240	3570円
		米田稔・平田健正・村上雅博 共著			
5.		資源循環型社会の技術システム	盛岡通編著		
		河村清史・吉田登・藤田壯・花嶋正孝・宮脇健太郎・後藤敏彦・東海明宏 共著			
6.	(7回)	エネルギーと環境の技術開発	松岡譲編著	262	3780円
		森俊介・槌屋治紀・藤井康正 共著			
7.		大気環境の技術とその展開	松岡譲編著		
		森口祐一・島田幸司・牧野尚夫・白井裕三・甲斐沼美紀子 共著			
8.	(4回)	木造都市の設計技術		282	4200円
		小林正美・竹内典之・髙橋康夫・山岸常人・外山義・井上由起子・菅野正広・鉾井修一・吉田治典・鈴木祥之・渡邉史夫・高松伸 共著			
9.		環境調和型交通の技術システム	盛岡通編著		
		新田保次・鹿島茂・岩井信夫・中川大・細川恭史・林良嗣・花岡伸也・青山吉隆 共著			
10.		都市の環境計画の技術としくみ	盛岡通編著		
		神吉紀世子・室崎益輝・藤田壯・島谷幸宏・福井弘道・野村康彦・世古一穂 共著			
11.	(5回)	地球環境保全の法としくみ	松井三郎編著	330	4620円
		岩間徹・浅野直人・川勝健志・植田和弘・倉阪秀史・岡島成行・平野喬 共著			

定価は本体価格+税5%です。
定価は変更されることがありますのでご了承下さい。

◆図書目録進呈◆

バイオテクノロジー教科書シリーズ

(各巻A5判)

■編集委員長　太田隆久
■編集委員　相澤益男・田中渥夫・別府輝彦

配本順			頁	定価
2.(12回)	遺伝子工学概論	魚住武司著	206	2940円
3.(5回)	細胞工学概論	菅村上原浩卓紀也共著	228	3045円
4.(9回)	植物工学概論	森入川船弘浩道平共著	176	2520円
5.(10回)	分子遺伝学概論	高橋秀夫著	250	3360円
6.(2回)	免疫学概論	野本亀久雄著	284	3675円
7.(1回)	応用微生物学	谷吉樹著	216	2835円
8.(8回)	酵素工学概論	田中渥夫松野隆二共著	222	3150円
9.(7回)	蛋白質工学概論	渡辺公修小島綱二共著	228	3360円
11.(6回)	バイオテクノロジーのためのコンピュータ入門	中村春木中井謙太共著	302	3990円
12.(13回)	生体機能材料学 — 人工臓器・組織工学・再生医療の基礎 —	赤池敏宏著	186	2730円
13.(11回)	培養工学	吉田敏臣著	224	3150円
14.(3回)	バイオセパレーション	古崎新太郎著	184	2415円
15.(4回)	バイオミメティクス概論	黒田裕久西谷孝子共著	220	3150円

以下続刊

1. 生命工学概論　太田隆久著
10. 生命情報工学概論　相澤益男著
16. 応用酵素学概論　喜多恵子著
17. 生理活性物質　瀬戸治男著

定価は本体価格+税5%です。
定価は変更されることがありますのでご了承下さい。

図書目録進呈◆